绿色无公害（罗非鱼）养殖基地
Green Food (Tilapia) Farming Base

■ 标准化无公害养殖基地

■ 标准化养殖池塘

■ 稻田养殖

■ 自然水域养殖

■ 低洼地养殖

■ 网箱养殖

■ pH测试仪

■ 天平

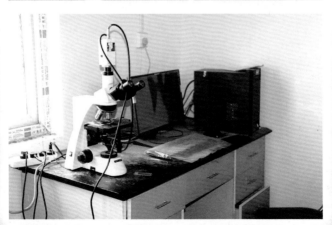

■ 显微镜

■ 罗非鱼冷链物流加工基地

■ 水花

■ 育苗

■ 捕捞

■ 投饵

■ 罗非鱼加工产品

■ 商品罗非鱼分类

现代渔业提升工程·水产标准化健康养殖丛书

罗非鱼
标准化健康养殖技术

郑兰兰　王海燕　编著

中原农民出版社

·郑州·

图书在版编目(CIP)数据

　　罗非鱼标准化健康养殖技术/郑兰兰,王海燕编著.
—郑州:中原农民出版社,2014.12
　　(现代渔业提升工程·水产标准化健康养殖丛书/
张西瑞主编)
　　ISBN 978 - 7 - 5542 - 1018 - 5

　　Ⅰ.①罗… Ⅱ.①郑… ②王… Ⅲ.①罗非鱼 - 鱼类
养殖 - 标准化管理 Ⅳ.①S965.125

　　中国版本图书馆 CIP 数据核字(2014)第 278585 号

罗非鱼标准化健康养殖技术

郑兰兰　王海燕　编著

出版社: 中原农民出版社

地址: 河南省郑州市经五路 66 号　　　　**邮编:** 450002

网址: http://www.zynm.com　　　　**电话:** 0371 - 65788655

发行单位: 全国新华书店　　　　**传真:** 0371 - 65751257

承印单位: 河南安泰彩印有限公司

投稿邮箱: 1093999369@qq.com

交流 QQ: 1093999369

邮购热线: 0371 - 65724566

开本: 890mm × 1240mm　　A5

印张: 6.25　　　　　　　　　　　**彩插:** 8

字数: 178 千字

版次: 2015 年 7 月第 1 版　　　　**印次:** 2015 年 7 月第 1 次印刷

书号: ISBN 978 - 7 - 5542 - 1018 - 5　　**定价:** 18.00 元

　　本书如有印装质量问题,由承印厂负责调换

编 委 会

序 言

据文字记载,我国有 2 500 多年的鱼类养殖历史,可谓世界之最。今天,我国已是世界上水产品生产、贸易和消费的第一大国。多年来,我国渔业生产保持着持续快速发展的势态,在国民经济中的地位日益凸显,并已成为农业和农村经济发展的重要增长点。2013 年全国渔民人均纯收入 13 039 元,远高于农民人均收入的 8 896 元;全国水产品总产量为 6 172 万吨,连续 24 年位居世界首位,为城乡居民膳食提供了 1/3 的优质动物蛋白源。近年来,渔业产业结构不断优化,实现了生产方式由捕捞为主向养殖为主的重大转变。

2013 年以来,中央连续出台了多项惠渔政策,鼓励并引导水产养殖业从传统渔业向现代渔业转型。现代渔业已成为各种新技术、新材料、新工艺密集应用的行业。渔业的规模化、集约化、标准化和产业化发展,对科技的依赖程度也在不断提高。因此,我们需要不失时机地普及水产科学知识,提高从业者素质,帮助他们吸纳和运用现代生物技术、信息技术和材料技术的新成果,发展现代渔业和精深加工业,以降低资源消耗、环境污染和生产成本,不断提高渔业的资源产出率和劳动生产率,进一步引领和支撑优质、高效、生态、安全的现代渔业发展。

河南省淡水渔业发展很快,在传统渔业的基础上,现代渔业也开始起步。面对这一可喜的新形势,有关主管部门组织专家和技术人员适时编写《现代渔业提升工程·水产标准化健康养殖丛书》,除了进一步激发渔业科技人员总结在实践中的创新经验外,无疑将对渔业从业者培训、促进行业转型发展等起到推动作用。发展现代渔业的关键是新型渔民的培养与经营主体的培育,造就产业发展的主力军。通过对基层渔业科技人员和养殖户培训,掀起广大渔业劳动者学科技、用科技的热潮,切实提高他们的从业技能,促进渔业科技成果转化,培养有文化、懂技术、会经营、善管理的新型渔民,为现代渔业建设培育经营主体和可持续发展提供支撑能力。

丛书涵盖了淡水渔业各方面内容,包括高产池塘创建和低产池塘改造、健康养殖示范场创建、水产原良种体系建设、渔业科技推广、休闲渔业、水产品质量安全、水生生物资源养护以及苗种质量鉴别与培育技术、鱼类病害防治和渔药残留控制、养殖水体水质调控技术、饲料配制与投喂新技术、池塘生态养殖技术、池塘生态工程设施与模式构建、水产养殖病情监测预警等内容,适用于管理者和经营实践者学习参考,是新形势下渔业的科普兼专业性读物。同时,丛书特别强调保障水产品质量安全、改善水域生态环境、维护水域生态安全、提倡渔业相关的二、三产业等的协调发展,最终实现装备先进、高产优质、环境友好、渔民增收的现代渔业发展新格局。

多年来,我与河南水产科技人员共事和交流,对他们敢为人先的创造性和务实拼搏的敬业精神尤为钦佩。我期待着在全国现代渔业建设的大潮中,河南水产事业走出自己特色之路,并大有作为!

中国科学院水生生物研究所研究员

中国科学院院士

2015 年 1 月

2

前　言

　　罗非鱼是世界上养殖最广泛的鱼类之一,也是继三文鱼和对虾之后拥有国际市场的人工养殖水产品,养殖范围分布到几乎所有的亚热带及热带国家和地区。罗非鱼被誉为未来动物性蛋白质的主要来源之一。我国罗非鱼以生产成本低、生产量大等优势进入国际市场,使其成为重要的出口创汇农产品,罗非鱼的养殖逐渐成为增加农民收入、推动新农村经济发展的关键行业。

　　随着新时代消费观念的更新,市场竞争的日益激烈化,罗非鱼产品的质量必须与国际接轨,标准、健康、安全、生态的养殖方式成了罗非鱼产业发展的必然方向。为此,我们严格依据农业部颁发的一系列技术规范、技术标准、质量安全要求等行业标准和国家标准,编写了本书。

　　本书重点介绍了我国罗非鱼标准化养殖的品种选择、场地环境管理、安全饲料选择与投喂技术、饲养管理、越冬保种技术、病害防控以及安全用药等技术,并附有近年来的一些养殖实例,内容上力求实用,语言上力求通俗、易懂,可供广大农民及生产者参阅。

　　由于罗非鱼的研究工作仍在不断加强和深入,技术也在不断提高和改进,加上作者水平有限,书中不免有错误和不足之处,恳求广大读者斧正。

编者

2014 年 7 月

目录

第一章　罗非鱼人工养殖概述

第一节　罗非鱼概述 / 5

第二节　我国的罗非鱼产业市场分析 / 8

第三节　我国罗非鱼产业存在的问题及对策 / 11

第二章　罗非鱼的生物学特性与主要品种

第一节　罗非鱼的生物学特性 / 16

第二节　罗非鱼主要养殖品种 / 19

第三章　罗非鱼健康养殖的水质管理

第一节　健康养殖的水质要求与管理 / 34

第二节　养殖废水的生物处理技术 / 41

第四章　罗非鱼的营养需求与饲料供给

第一节　罗非鱼健康养殖对饲料原料的要求 / 47

第二节　营养需求 / 50

第三节　常用饲料原料 / 60

第四节　饲料配方设计与常用配合饲料 / 84

第五节　罗非鱼饲料的标准化加工工艺 / 88

第六节　饲喂技术 / 91

第五章　罗非鱼的标准化健康繁殖关键技术

第一节　罗非鱼的繁殖特性 / 97

第二节　亲鱼的繁殖与培育 / 101

第三节　苗种的培育技术 / 110

第六章　成鱼的健康养殖技术

第一节　池塘养殖 / 116

第二节　网箱养殖 / 125

第三节　稻田养殖／133

第四节　流水养殖／140

第五节　海水养殖／149

第七章　罗非鱼的越冬保种技术

第一节　越冬前的准备／156

第二节　越冬方式／158

第三节　越冬鱼入池的时间及注意事项／161

第四节　越冬期间标准化饲养管理／163

第八章　罗非鱼常见疾病的防治技术

第一节　细菌性疾病／175

第二节　寄生虫性疾病／178

第三节　营养不良性疾病／181

第四节　其他常见疾病／183

第五节　罗非鱼疾病综合防治措施／187

参考文献／190

第一章　罗非鱼人工养殖概述

罗非鱼养殖能手周旭：80 后的农村致富带头人

在海口市美兰区大致坡镇，有一位 80 后，他老说自己迷上了罗非鱼。10 年时间，他同父亲带领 5 个兄弟，打造了一条小的罗非鱼产业链。2009 年他们罗非鱼种苗的销量达 2.5 亿元，饲料的销量近万吨，并帮养殖户收购罗非鱼 5 000 吨。谈起这些成绩，他很淡然，他说自己的梦想是做农村致富带头人。这位小伙子就是海南昌盛鱼鳖种苗场总经理周旭。2000 年周旭高中辍学，才正式进入水产行业。父亲周经明是业内做罗非鱼种苗的老前辈，周旭是家中的老大，就理所当然子承父业了。子承父业，是很自然的一件事情，但周旭当时还有一个颇具前瞻性的想法："中国地大物博，人口众多，都是要吃饭的，水产行业应该大有前景。"

父亲是搞罗非鱼种苗繁育的老手了，种苗质量把关得很严格，所以生产一直是父亲负责，周旭最初只负责种苗的销售工作。近年来伴随着华南罗非鱼产业的兴起，罗非鱼种苗需求量越来越大，海南凭借其气候优势，罗非鱼种苗的生产场家也越来越多，不少资金和技术实力雄厚的外资企业也纷纷进入了这个行业，如何在市场竞争越发激烈的情况下突围生存呢？通过对市场的分析，周旭认为海南目前许多小规模的种苗场进入行业只是为了赚快钱，而不是潜心做这个行业，未来强劲的对手可能是一些花巨资进入行业的大企业。凭借着昌盛进入行业较早、种苗质量稳定、在客户群中口碑很不错的优势,他马上调整策略,在高速路上悬挂广告牌,而且还在一些知名的水产媒体上打出"海南壹号"的品牌,并且还同多个饲料厂合作,对养殖户进行技术培训。对如何打造品牌,周旭有自己独到的见解,他认为保证鱼苗、鱼花的质量和数量是前提。为了确保养殖户养殖成功,并且能获得一个好收成,2008 年周旭又拓展了罗非鱼的收购业务。他每天都要收购 35 吨左右的罗非鱼。

周旭说:"在这个行业比较久,海南每年罗非鱼价格走势我们看得比较准,利润空间比较高。"

广西罗非鱼养殖成致富新途径

广西南宁横县是个鱼米之乡,地处郁江沿岸和西津电站库区。滔滔郁江自西向东流经该县 14 个乡镇,全长144 千米。西津电站库区水域面积 1.3 万公顷,全县水域面积18 252公顷,宜渔水域面积约9 600公顷,丰富的水域资源为横县渔业发展提供了广阔的舞台。

近年来,横县的水产畜牧业取得了较大的成绩。2011年全县水产养殖面积6.13 万亩,水产品总产量达37 989吨,产值达到 2.62 亿元。水产养殖已成为横县农业增效、农民增收的重要组成部分。而在这项产业当中,罗非鱼养殖无疑是最耀眼的一颗明珠。近年来横县罗非鱼养殖稳步发展,特别是规模化养殖罗非鱼得到了进一步发展。山塘、水库养殖罗非鱼面积4 600亩,网箱养殖24 000米^2,其中12 000米^{2}是混养,总产量2 950吨,产值26 550万元。横县注重加强对罗非鱼养殖生产的宏观指导,统筹规划,因地制宜,合理布局,对目前较分散的、零星的生产形式,逐步组织多种形式的联合体或水产养殖合作社或创办集体养殖场等实体,建设一批高效的罗非鱼生产基地,争取将产业做大做强。目前已有横县富民水产专业合作社、横县南乡水产专业合作社等多个水产专业合作社进行罗非鱼的合作养殖。大规模养殖方面,陶圩镇养殖户黄世森养殖罗非鱼就达到了 900 亩,2011 年罗非鱼产量 200 吨,越冬大棚 46 亩,大规格过冬苗种 60 吨;云表镇养殖户韦其焕养殖面积 360 亩,产量 155 吨,过冬鱼种 50 吨。合计示范养殖面积 1 260 亩,成鱼产量 355 吨,苗种产量 110 吨。通过合作社、示范户的带头作用,横县罗非鱼养殖业正迎来大发展的春天。

目前,罗非鱼养殖中越冬苗种的需求量大,但供应紧缺。横县利用现有的温泉水资源,大力发展罗非鱼越冬苗种培育,建设罗非鱼越冬苗种培育场。广西昌其农业科技有限公司横州镇罗非鱼越冬养殖基地、广西横县绿满水产养殖公司利用国电南宁电厂余热水建设的 80 亩罗非鱼越冬养殖基地、横县六景镇红花村标准化罗非鱼池塘温泉水越冬基地等正在建设中,这些罗非鱼越冬苗种培育场的建成,将为横县及周边地区提供大量优质的大规格罗非鱼越冬苗种,为整个产业催生更大的经济效益。

养殖有规范产品有检测

广东省茂名市是我国最早引入罗非鱼养殖的地区之一,素有"中国罗非鱼之都"的美称。然而,"罗非鱼之都"的得名不仅由于当地悠久的养殖历史,更要归功于如今庞大的养殖规模。2013 年茂名市主养罗非鱼面积 22 万亩,产量达 17.5 万吨,产值 15.1 亿元,成为全国最大的罗非鱼出口养殖优势区域。根据海关统计数据,2013 年前 5 个月,茂名市罗非鱼出口量达13 895吨,出口额5 948万美元。

罗非鱼是如何成为一个地区的水产支柱产业的?究其缘由,从育种、养殖到加工全链条质量标准化监控和管理,是茂名罗非鱼产业蓬勃发展的根本原因。常言道:种好一半粮。对于罗非鱼养殖来说,鱼苗品种的良莠直接关系到养殖过程中用料用药的多寡。茂名市伟业罗非鱼良种场是国家级良种场,也是全国十大罗非鱼种苗基地,总经理简伟业有他独特的"育苗经"。"鱼苗品质好,到了养殖环节才能减少病害,提高产量。"简伟业介绍道,2005年,良种场与上海海洋大学教授李思发合作研发出集生长速度快、抗寒抗病抗低氧能力强的罗非鱼新品种——吉奥罗非鱼。吉奥罗非鱼这个品种可以耐受的水温在7 ~ 40℃,抗病性强了用药少了,品质也就更有保障。

茂名市茂南三高良种繁殖基地先后投入1 500多万元成功繁殖并改良出我国第一条奥本品系奥尼罗非鱼——三高奥雄罗非鱼,"高品质的鱼苗供应是罗非鱼产业链的基础环节"三高良种繁育基地的董事长李瑞伟说道。为了控制这个基础环节的质量,三高良种场率先引进了罗非鱼苗质量安全可追溯系统,记录了饲料、药物的规范投放。

罗非鱼加工出口是茂名外贸的拳头产品,罗非鱼主要通过条冻鱼或切片加工后出口到日本、美国等国家。罗非鱼产业的蓬勃发展,已经成为促进茂名农民增收、致富的有效手段。据统计,茂名全市从事罗非鱼养殖的养殖户达到15 586户。罗非鱼及其关联产业创造超过10 万个就业岗位,其中从事罗非鱼运输、销售的人数达上万人,人均年收入2 万元以上;罗非鱼加工企业提供劳动岗位2 000多个,人均年收入2 万元以上。

第一节　罗非鱼概述

一、认识罗非鱼

罗非鱼(图1-1),俗称非洲鲫鱼,是热带、亚热带的暖水性经济鱼类。原产于非洲大陆及中东太平洋沿岸淡咸水海区,北部分布到西亚的以色列及约旦等地,遍及整个非洲大陆的湖泊、河流、水库等水域。从1976年开始,罗非鱼已经被联合国粮农组织列为向世界各国推广养殖的鱼类,养殖范围已经遍布了100多个国家和地区,主要包括中国、哥斯达黎加、印度尼西亚、厄瓜多尔、洪都拉斯、越南、泰国、马来西亚、菲律宾、以色列等国家和地区。罗非鱼是世界性养殖鱼类,目前各国已进行养殖的主要品种有莫桑比克罗非鱼、尼罗罗非鱼、奥利亚罗非鱼、伽利略罗非鱼、齐利罗非鱼等。

图1-1　罗非鱼

罗非鱼在分类学上隶属于硬骨鱼纲鲈形目鲴鱼科罗非鱼属。罗非鱼属有100多个种(含亚种)。罗非鱼具有适应性广,食性杂,生长快,繁殖力强,抗病力强,肉味鲜美,无肌间骨刺,适合水产品加工,可在淡水或咸淡水的池塘、网箱、稻田、水槽、流水池、循环系统等各种水体中生长等诸多优点,深受养殖生产者的青睐。罗非鱼的饲料转化率超过了几乎所有的其他养殖品种鱼类,从植物到切碎的草料、香蕉皮或甘蔗废弃物,以及动物性饵料,几乎没有它不能摄食的,而且能够迅速长到上市规格。近年来,罗非鱼不仅已成为世界养殖最广泛的鱼种之一,而且是继三文鱼和对虾之后拥有国际性市场的第三大养殖水产品。

二、我国罗非鱼的养殖历史

我国罗非鱼的养殖,大致可划分为四个时期:1957～1978年,为以莫桑比克罗非鱼为主的养殖时期;1978～1985年,为尼罗罗非鱼、福寿鱼和莫桑比克罗非鱼三种鱼并存的养殖时期,此时期的特点是尼罗罗非鱼逐渐取代莫桑比克和福寿鱼的过渡阶段;1985～2000年,尼罗罗非鱼基本完全取代了上述两种鱼,同时尼奥杂种罗非鱼的养殖也开始起步;2000年以来,引进人工选育的新品种或高纯度的原良种,并结合使用现代育种技术,在国内培育出一大批新品种,中国罗非鱼的养殖已进入日新月异的阶段。

三、罗非鱼的养殖现状

(一)国际养殖概况

罗非鱼系热带鱼类,原产于非洲,广泛分布于非洲大陆的淡水、咸淡水水域,为当地河流、湖泊等天然水域的主要经济鱼类。在国际上,鳕鱼、鲑鱼等白肉鱼资源衰竭,而罗非鱼鱼肉白色、无小刺、无腥味、味道柔和的特点,恰好顺应欧美人以白肉鱼为主的传统嗜好和烹调形式,因此欧美等国家、地区,都把罗非鱼选为鳕鱼、鲑鱼的理想替代鱼。1976年联合国粮农组织向世界推荐养殖罗非鱼的初衷,是让贫穷渔民解决蛋白源和脱贫,因此是"穷人的鱼"。然而近20多年来特别是近10年来,消费者对罗非鱼的认识发生了根本性转变,罗非鱼已为越来越多国家的中产阶层所青睐,并迅速进入了高端市场、高档酒店和食品商店,还使罗非鱼成为许多养殖国的出口创汇产品。

1976年,联合国将罗非鱼作为优良的养殖品种向世界各地推荐养殖,使罗非鱼养殖业迅速发展。近10多年来全球罗非鱼养殖产量从1997年的92万吨猛增到了2010年的330多万吨(图1-2)。

有人预测至 2015 年会超过 500 万吨,且拥有持续发展的前景。

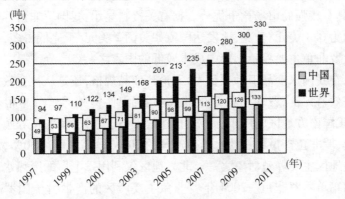

图 1-2　世界与中国罗非鱼产量发展

2010 年,全球有将近 90 个国家和地区养殖罗非鱼,涵盖各大洲。其中,亚洲是罗非鱼主产区,产量约占全球总产量的 76%(250.8 万吨),其次是美洲和非洲(图 1-3)。

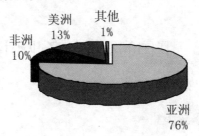

图 1-3　罗非鱼全球分布图

(二)中国养殖概况

目前中国已经成为世界罗非鱼生产大国,中国罗非鱼养殖年产量居世界第一。2001 年,中国罗非鱼的养殖面积 18 万公顷,产值约 40 亿元。中国养殖品种主要是尼罗罗非鱼,包括 50% 的吉富品系尼罗罗非鱼、15% 的红罗非鱼,还有尼奥鱼和吴郭鱼等。自 20 世纪 90 年代中期以来,我国罗非鱼产量逐年增长,1995 ~ 2005 年,平均增长率为 14.75%。到 2004 年,我国罗非鱼出口量猛增到 8.7 万吨,出口额 1.2 亿美元,占全美进口量 57%,仅居美国之后。我国终于在 1998 年成为罗非鱼养殖第一大国后近 6 年,又成为罗非鱼的出口大国。

我国环境和气候等条件适宜罗非鱼的生长。养殖罗非鱼成本较低,具有较强的市场竞争优势。据有关资料显示,我国罗非鱼养殖成本约为 0.8 美元/千克,比发达国家如美国 2 美元/千克低得多,是世界上罗非鱼主要养殖国家中成本较低的国家之一。

在我国水产品引种项目中,无论从商品规格,还是从社会效益和经济效益评价,罗非鱼都是最获成功的品种,但其养殖分布很不平衡,我国南方地区的广东、海南、福建等得益于气候,罗非鱼养殖发展迅速,罗非鱼产量约占淡水养殖产量的 20%,较高的可达 30%,成为这些地区主要养殖对象之一。北方地区仅利用发电厂的废热水及水库网箱单养罗非鱼。2004 年罗非鱼主要产区的产量占全国罗非鱼总产量的百分比分别为广东 49.0%,广西 14.30%,海南 13.44%,福建 10.88%。

第二节　我国的罗非鱼产业市场分析

一、国际地位

中国罗非鱼产业的比较优势包括以下三方面:

(一)养殖成本较低

由于我国丰富的劳动力资源和自然资源,在罗非鱼养殖中具有比较优势,据统计,广东池塘养殖罗非鱼平均成本约 3 万元/公顷,山东省约 4.5 万元/公顷。从全国来看,罗非鱼养殖成本约是 6 元/千克。与国外相比,我国的罗非鱼养殖在成本上占很大优势。

(二)养殖水平提高

目前我国在罗非鱼的选种育苗、大规格品种繁育、健康养殖等方面,技术水平不断提高,这些为生产适合加工出口的罗非鱼产品创造了条件。同时,罗非鱼越冬技术的推广应用,使罗非鱼养殖突破地域气候条件的限制,我国北方,如北京、新疆等地区也已进行大量的罗非鱼养殖。

（三）罗非鱼产业化已具规模

我国罗非鱼生产的比较优势，使其异军突起，成为我国水产品出口创汇的主要品种。围绕着罗非鱼的养殖、加工、出口，形成了一批产业化出口基地。如广东省实施的"一条鱼工程"即罗非鱼工程，实现了开发一个品种，形成一项产业，并将茂名打造成为本地区最大的罗非鱼产业基地。广西壮族自治区政府对罗非鱼养殖加大扶持力度，进一步加快以大规格单性罗非鱼为主的罗非鱼产业发展，努力将广西建成全国最大的罗非鱼生产、加工、出口基地，使罗非鱼成为广西渔业的重要支柱，在农业结构调整和农民增收中发挥重要作用，同时积极推行龙头企业带动罗非鱼养殖 1.5 万户，加快罗非鱼产业化进程。

二、发展潜力

我国罗非鱼产业向持续健康的方向发展，已具备了有利的条件：

第一，罗非鱼符合人类追求健康食品的要求，罗非鱼富含多种对人体健康有益的不饱和脂肪酸，其肉质细嫩，略有甜味，老少皆宜，无残毒，是公认的健康食品。在众多的养殖品种中，罗非鱼以其肉质厚、肌间刺少，便于加工保鲜而在国际和国内市场上深受消费者欢迎。

第二，在全球渔业资源面临枯竭、燃油价格居高、海上捕捞成本增加的大背景下，易于养殖和加工的罗非鱼成为联合国粮农组织向世界推荐的主要鱼种，中国、拉丁美洲、东南亚、非洲等成为罗非鱼主产区。目前，我国已成为世界上最大的罗非鱼生产和出口国，国家农业部更是将罗非鱼列为出口优势产品。

第三，国际传统消费市场不断扩大，新兴市场正在崛起。美国现为全世界最大的罗非鱼产品消费国，是传统的消费市场，而美国自身生产能力有限，自给率只占罗非鱼总消费量的 10% ,90% 的罗非鱼产品需要进口。

第四，国内市场的消费潜力巨大。我国现有的水产品消费水平较低，2000 年人均水产品消费量只有 10.3 千克，低于世界平均水平，是日本的 1/8～1/7。我国现阶段的收入水平又决定了水产品的消费品种只能以价格适中的种类为主。罗非鱼的价位正好与水产品消费市场的发展趋势相吻合。随着罗非鱼加工产品的多样化,社会消费水平的整体提高,以及人们对罗非鱼的了解在不断加深,将有助于市场消费的进一步增加。

第五,受劳动力成本的影响以及环保的要求,未来罗非鱼主要生产国家和地区仍会集中在发展中国家。

第六,养殖技术日趋成熟,养殖区域相对集中,易于形成规模化生产的产业带。我国罗非鱼养殖始于 20 世纪 50 年代,经过数十年的发展,养殖技术日趋成熟。我国罗非鱼主产区集中在广东、福建、广西,其产量占全国总产量的 85% 以上。而且具有一定加工规模的加工企业,同样集中分布在广东、广西和海南。产地集中、加工企业集中,为开展产业化经营提供了有利条件。

三、竞争优势

(一)罗非鱼营养价值丰富,蛋白质含量高

罗非鱼营养价值高。每 100 克可食部分中含蛋白质 18.4 克,脂肪 1.5 克,并富含多种矿物质以及维生素,是人类理想的动物性食品。高蛋白质、高营养、低脂肪是人类健康饮食需求,罗非鱼的出现对填补天然蛋白质资源减少这一缺口,对维持人类蛋白源平衡起到了非常重要的作用,因此深受国内外消费者喜爱。

(二)罗非鱼适应性强

罗非鱼适应性强、耐盐性高,在我国南北方都实现了工厂化养殖,有效提高了总产量。

(三)良种选育技术成熟

罗非鱼自引进国内以来,根据不同的养殖地域、气候特点、养殖模式等进行了良种选育工作,已筛选出适应中国多种养殖条件的多个罗非鱼养殖品系,取得了一系列丰硕成果。涌现出一大批著名鱼苗品牌,促进了中国罗非鱼产业的健康快速发展。主产区建有国家级良种场,对优良品种进行培育、筛选和保存,保证充足的良种亲本,和国内外市场供应量的稳步提升。

（四）发展罗非鱼的海水养殖，拓展养殖空间

与淡水养殖罗非鱼相比，海水养殖罗非鱼最大的优势在于其良好的口感和肉质，其肌肉中脂肪、脯氨酸、甘氨酸等成分含量较高，这是海水养殖罗非鱼肉质比较嫩滑、鲜美的原因之一，其口感可以与海水养殖的石斑鱼、鲷等媲美。由于海水养殖的罗非鱼口感好、肉味佳，其价格是淡水罗非鱼的 2～3 倍。发展罗非鱼海水养殖模式可以大大提高罗非鱼的产量与竞争力，为我国罗非鱼养殖业找到一条新出路，对于扩大市场范围、提高产品品质均有极大帮助。

（五）拓展罗非鱼产业链，开展副产品的深加工

罗非鱼下脚料如鱼眼、鱼皮中营养丰富，含有大量蛋白质、氨基酸及微量元素。可以针对罗非鱼下脚料开展蛋白酶解、活性物质提取及风味物质反应等方面的研究，可以利用鱼皮、鱼眼开发化妆品；开发明胶、胶原肽及鱼油等系列保健品；鱼精、鱼露、鱼酱油等系列调味品；鱼风味罐头及休闲食品等。罗非鱼整体经济价值的不断提高，将使其在市场竞争中占据更大优势。如广西百洋水产集团就曾在展销会上推出自主品牌的罗非鱼深加工产品及美容保健品。

第三节　我国罗非鱼产业存在的问题及对策

一、存在问题

虽然罗非鱼被认为是当前最具发展前景的淡水养殖品种，在罗非鱼产业蓬勃发展的同时，也产生了一系列的问题，具体表现如下。

（一）产业缺乏科技支撑

罗非鱼产业化的发展需要高新技术支撑，由于科研滞后于生产，罗非鱼产业化的发展严重受阻。20 世纪 70～80 年代，我国罗非鱼引种、提纯复壮和选育种工作开展还较好，有不少科研单位参与。但到 20 世纪 90 年代后全国只有少数几家科研单位仍坚持罗非鱼的选育种工作。现在广东罗非鱼的养殖产量已占全国罗非鱼产量的37.5%，但没有一家科研单位持之以恒地坚持罗非鱼的提纯复壮和选育种工作。

（二）出口产品单一，产品多样化开发不足

目前国际水产品加工正向多功能方向发展，在进行方便、风味、模拟水产食品开发的同时，还注重一些新的食品领域如保健、美容水产食品等医药生物领域产品的开发。而我国罗非鱼产品仅限于鱼的本身，如原条鱼、鱼片等，没能很好地开发其他多样化产品，如鱼鳞、鱼皮、鱼糜等，其主要原因是技术开发、高科技的应用、产品市场分析、信息交流等环节跟不上。

（三）高品质的罗非鱼出口产品较少

由于养殖品种和养殖技术以及其他原因，我国罗非鱼产品的泥腥味较重，严重地制约了在欧美市场上的出口。另外一个原因就是我国的罗非鱼规格较小，达不到国际市场上冷冻罗非鱼片的要求。而且由于地理位置和保鲜技术落后等的影响，我国在目前国际市场上倍受欢迎的冰鲜罗非鱼片的出口量有限，使得我国罗非鱼加工企业为国际市场提供最受消费者欢迎的高附加值产品较少。

（四）缺乏自主的出口渠道和品牌优势

从近几年来罗非鱼出口统计数据可以看出，我国罗非鱼出口还是数量推动型，而不是质量推动型的，更不是品牌领袖型的模式。虽然我国罗非鱼的出口量为世界第一，但我国罗非鱼的名牌产品并不多，这在一定程度上也影响了我国罗非鱼产品的国内外知名度和综合效益。

（五）出口存在恶性竞争

我国罗非鱼出口贸易开始较晚，信息不畅，客户较少，大多数生产厂家的加工出口仍属各自的企业行为，虽然在某种程度上对罗非鱼产业能起到一定的拉动作用，但同时由于实力不强，为了争夺订单往往竞相压价，给产业造成危害，使生产者受损。

（六）出口利润降低，出口市场过于集中，大部分出口依赖美国市场

我国养殖量不断扩大，出口量持续增长，但出口利润几乎完全体现在廉价劳动力上,易造成廉价倾销的嫌疑。同时,近年来我国冻鱼片出口量的增加和价格的降低没有明显停止的趋势,造成冻鱼片和冻全鱼总体价值接近,加工已没有明显的优势可言。我国罗非鱼的出口市场主要集中于美国市场,从长远考虑潜在风险仍在,其他国家出口贸易渠道有待开发。2005 年,美国 97.3% 的冻全鱼和 84.8% 的冻鱼片来自中国,几乎垄断了美国市场。而且中国产品在美国市场上如此高的比例,非常容易导致针对性的贸易措施出现。

二、防范措施

为了积极防范和控制我国罗非鱼产业发展在国际市场中所面临的主要问题,提高我国罗非鱼出口产品的竞争力,必须注意以下几个方面:

(一)高度关注食品质量安全问题

提高罗非鱼品质和规格,建立一个完整的质量安全保障体系,发展一体化的经济经营模式,由龙头企业引导养殖户进行生产结构调整,带动苗种、养殖、饲料、加工、贸易等相关企业发展,以尽快形成我国罗非鱼产业基地,逐步形成特色优势产业。规范罗非鱼健康养殖技术和饲料加工技术,加大无公害食品生产技术的执行力度,不仅要在加工环节有严格的质量控制,而且要加强养殖环节的质量控制,严格监控罗非鱼产业链各个环节。同时,要加强产品质量检测体系建设,做好水产品质量安全工作,确保产品的质量安全,巩固我国罗非鱼产品在国际市场中的主导地位。

(二)加大市场宣传力度,制订营销计划

积极参加各国大型展览会,大力宣传我国罗非鱼产品,树立自己的品牌,提高产品的国际知名度。让更多的人了解和认知罗非鱼产品,从而扩大生产规模,拓宽出口市场,提高市场占有率。

(三)成立行业协会,进行产业化组织管理,加强行业自律

我国罗非鱼行业要想进一步健康持续发展,必须走产业化、规模化的道路。在加大科技投入,不断改进罗非鱼的良种选育、无公害养殖、饲料加工、养殖环境调控、加工以及质量检测等配套技术的同时,还要积极采取各种措施,提高行业的反倾销能力,包括创建品牌优

势,分散出口市场,建立质量安全管理和监控体系,成立行业协会并协助行业管理,指导行业内生产,提高渔民的组织化程度,沟通产销渠道,通过行业协会制定最低出口保护价,防止低价倾销,研究食品质量安全生产的法律法规,搜集和整理国际市场中罗非鱼的需求信息,为我国制定罗非鱼产业的发展目标提供科学依据。随着我国罗非鱼产业化的发展,如何加强与国际市场的连接,提高产品在国际市场的竞争力,适应不同层次的消费需求,并在一定程度上提高罗非鱼产品的附加值,快速发展加工业是必由之路。因此,在科学技术日新月异发展的今天,我国必须加强应用基础研究与高科技产品开发,建立完善的质量保证体系,根据市场需求进一步调整产品结构,在抓好产量的同时,狠抓产品的质量,逐步提升产品的品质和档次,创立自己的品牌,使我国罗非鱼产品的生产逐步与国际接轨。只有这样,才能够更大地发挥出罗非鱼产业的长远效益,从根本上保护渔农的长远利益,也才有可能全面提高从科研到生产到出口流通整个罗非鱼行业的效益水平。

第二章　罗非鱼的生物学特性与主要品种

　　罗非鱼原产非洲,属热带鱼类,分布广泛,品种繁多,肉质鲜美,营养丰富,且有生长快、食性杂、抗病抗逆行强、耐低氧、产量高等优点。目前我国养殖的主要有尼罗罗非鱼、莫桑比克罗非鱼、奥利亚罗非鱼。

第一节 罗非鱼的生物学特性

一、生活习性

罗非鱼一般栖息于水体中下层,可随水温变化或鱼体大小改变栖息水层,觅食活动多见于底部。刚脱离母体行独立生活的幼鱼大多数结群于水域边缘觅食、活动,随着鱼体长大,游动力增强,逐渐转向栖息于水体中下层。罗非鱼栖息有明显的昼夜变化,在水温高、阳光强的下午,常上浮于水表面、边缘等处活动、觅食,其他时间或阴天、雨天,表层水温较低,则大多数活动于水体中下层。

罗非鱼适应性很强,属于广盐性鱼类,既能生活于淡水中,又能生活于海水中。这类鱼对水体中盐度的变化具有很强的适应能力,这种适应能力因种类不同而有差别。莫桑比克罗非鱼从一般的淡水到盐度3%的海水中都能正常生长及繁殖,但在3%~4%的高盐度海水中虽能生长,但不能繁殖。将罗非鱼从淡水或低盐度海水移到纯海水中,须经过由低盐度到高盐度的逐步驯化过程,才能适应高盐度的海水,否则会引起罗非鱼死亡。但从盐度很高的海水(3%以上)中可直接移入淡水里,鱼能适应而正常生长。

罗非鱼耐低氧性较强,在水温22~25℃,溶氧量0.7毫克/升时仅表现出轻微的浮头,但仍能摄食,低于0.1毫克/升时才窒息。保证它正常生长的溶氧必须在3毫克/升以上。有研究发现,在气温和水温22~26℃条件下,即使离水后,只要鳃部保持潮湿,它还可以生存3~4小时,比一般鲤科鱼类耐低氧强。罗非鱼在密养情况下,水质很肥的池塘、水坑中都能适应生存,并不影响其生长和繁殖。罗非鱼适宜的pH范围广,在pH 4.5~10的水体中均能生长。但罗非鱼更适宜pH为中性偏碱性的弱碱性环境中生长。罗非鱼抗病能力强,养殖全过程较少感染细菌。真菌、寄生虫等病害,施用杀菌驱虫药物少,为养殖鱼类中最洁净的品种。

罗非鱼属热带鱼类,可广泛生存在 12~40℃ 的水温中。罗非鱼最高临界温度 40~41℃,最适宜生长温度为 28~32℃,低于 10℃ 死亡。当水温低于 15℃ 时,罗非鱼不摄食,少动,处于休眠状态。不同的品种生存和适宜生长的温度范围不一样,如莫桑比克罗非鱼在水温 18~37℃ 内都能生长,而最适的水温为 25~33℃。当水温下降到 18~20℃ 或超过 35℃ 时,则生长就缓慢;如果水温下降到 18℃ 或高于 37℃ 时,则生长停止。致死低温为 12℃,致死高温为 38℃。尼罗罗非鱼的生存温度为 12~39℃,最适水温为 24~35℃,致死温度上限为 42℃,下限为 10℃。

罗非鱼对温度变化十分敏感,当温度超过其适宜范围时,则活动不正常,代谢不协调。在不适的水温条件下,除鳃、嘴、胸鳍轻度摆动和眼睛左右转动外,鱼体基本不动,只有遇到外界骚扰时,才有自卫反应。温度如再降(或升)连自卫能力也没有了,到临界水温,鱼体失去平衡,最终死去。水温升高至 40℃ 以上时,呼吸频率加快,长时间浮于水面,大口吸入空气;水温下降至 14℃ 时,鱼群则藏于水底,很少游动,不摄食;水温继续下降到 12℃ 以下时,鱼体失去平衡,呈假死状态,易受感染细菌、真菌而死去。

二、食性

罗非鱼食性很广,甚贪食,幼鱼时几乎以浮游动物为食,随着个体的长大,逐渐转为杂食性。在天然水体中,通常以浮游植物、浮游动物为主。底栖生物、水生昆虫及其幼虫,甚至小鱼小虾也是常被摄取的对象。有时也吃些水草、浮萍等,在人工饲养的条件下,还大量摄食各类商品饲料,且能获得显著的效果。一些对于鲢鱼、鳙鱼来说难消化利用的藻类,罗非鱼都能较好地消化利用。根据这些特点,在生产过程中采用投饵施肥的办法,能获得较好的经济效益。

三、生长规律

(一)罗非鱼的生长速度与规律

罗非鱼生长受环境因子如温度、饵料、放养密度等影响很大。适宜生长水温为 25～32℃，一般 28℃左右生长最快。在 16℃以下、32℃以上生长缓慢或停滞。据测定，在适温范围内，罗非鱼体重和体长的生长随年龄而渐慢；而绝对增长量，体长以 3～4 龄，体重以 4～8 月龄时增长最快。从生长指标的变化可以认为，罗非鱼生长可划分为 3 个生长阶段：1 龄之前为旺盛生长阶段；1～2 龄为第二生长阶段，其生长速度明显下降；2 龄以后为生长渐趋停滞的第三阶段。因此，罗非鱼的养殖，主要要把第一个生长阶段抓好，充分利用其生长优势。在人工投饵的情况下，饵料的数量和种类都会直接影响罗非鱼的生长。投喂精饲料，无论对个体生长还是群体产量，都要优于青饲料。精饲料中，尤以含有一定数量动物性饲料的混合饲料生长最快。在一定的放养密度范围内，放养密度越低，个体长得越大，而群体产量越低；相反，放养密度越高，个体长得越小，而群体产量越高。

（二）罗非鱼的雌雄生长差异

罗非鱼生长的一个很大的特点就是生长速度还受性别的影响，导致雌雄生长有差异。罗非鱼在生长到 4 月龄后，雌雄的生长差异就开始显现，雄鱼的生长速度显著大于雌鱼，而且差异会一直保持下去。雌鱼生长慢的原因是因为在 4 月龄时雌鱼已经开始达到性成熟，开始产卵繁殖，罗非鱼有口腔含卵孵化的习性，雌鱼在孵卵时很少吃食，必然影响其生长。有研究表明：罗非鱼在同等饲养条件下，雄鱼比雌鱼重40%左右，主要是因为雌鱼繁育过密导致的。

（三）不同品种罗非鱼与杂种罗非鱼的生长比较

遗传学因素决定了不同品种的罗非鱼在生长速度上是有差异的。尼罗罗非鱼比奥利亚罗非鱼生长速度要快 10%～15%，利用奥利亚罗非鱼为父本和尼罗罗非鱼为母本进行种间杂交而获得的杂交种奥尼罗非鱼，生长速度比父本奥利亚罗非鱼快 17%～72%，比母本尼罗罗非鱼快 11%～24%。所以，在实际生产中应因地制宜选择生长较快的品种来进行养殖。

四、繁殖习性

罗非鱼具有性成熟早，产卵周期短，口腔孵育幼鱼，繁殖条件要求低，能于小面积静水水体内自然繁殖等特点。罗非鱼性成熟年龄随各地年平均水温差异而不同,在适温条件下,一般6月龄即可达性成熟。雌鱼平均每千克体重怀卵量为7～10粒。体重为200克左右的罗非鱼,一般卵巢系数较大,怀卵量在1 000～1 500粒。

罗非鱼在繁殖期,雌雄亲鱼体色具有明显的差别:雄鱼有美丽的婚姻色彩,尼罗罗非鱼全身棕红色,奥利亚罗非鱼则呈深紫色,背鳍上缘和尾鳍末端呈鲜艳的桃红色。罗非鱼生殖器外形,在幼鱼时期,雌、雄不易区别,性成熟以后,用肉眼就能区分它们的生殖孔。雌鱼腹部有3个开孔,即肛门、生殖孔和泌尿孔,泌尿孔在生殖突起的顶端,生殖孔开在泌尿孔和肛门之间;雄鱼腹部只有2个开孔,即肛门和泌尿生殖孔,它的泌尿孔仅为一小点,肉眼不易看出,在繁殖季节,生殖乳突常略下垂,挤压腹部有白色精液流出。

罗非鱼的繁殖习性非常特别,在水温18～32℃内,成熟雄性亲鱼具有"挖窝"能力,所挖的窝呈浅圆锅形,大小视鱼体而定。窝挖成,雄鱼游动于附近,成熟雌亲鱼进窝配对,产出成熟卵子并立刻将卵子含于口腔内,雄鱼则同时排出成熟精子,雌鱼将精液随水流吸进口腔内使卵子于其中行受精作用。卵子受精后,雌、雄亲鱼即离窝。受精卵在雌鱼口腔内发育,水温25～30℃时4～5天后即可孵出幼鱼。孵出后的幼鱼仍留居于母体口腔、鳃腔内,至卵黄囊消失并具有一定游动能力时才离开母体,结群活动、觅食,此时雌鱼仍追随左右。待幼鱼活动和摄食能力增强后,亲鱼才离去,幼鱼即行独立生活。雌、雄亲鱼繁殖后,性腺又重新长出新的一代性细胞,进入新的繁殖周期。我国南方地区,年平均水温较高,夏、秋两季,每25～30天可繁殖1次,每年繁殖次数可达4～6次。

第二节　罗非鱼主要养殖品种

我国主要养殖的品种有尼罗罗非鱼、奥利亚罗非鱼、莫桑比克罗非鱼以及各种组合的杂交后代如奥尼罗非鱼、福寿鱼、红罗非鱼等。

一、莫桑比克罗非鱼

(一)形态特征

莫桑比克罗非鱼(图2-1)属暖水性的热带鱼。原产于非洲莫桑比克纳塔尔等地。体侧扁,呈鲈形,口略大。鱼体体色呈暗灰黑色,而头部下方则色泽显淡。鱼体两侧有不明显的呈纵向排列的斑点条纹3条,其最后一条在尾柄前方略呈点状。雄鱼的背鳍、尾鳍边缘呈红色,到了生殖期雄鱼体色转为墨绿色,仅头部下侧及吻下方为古铜色;雌鱼鳍缘亦略显红色,而体色则呈灰黄。鳞片大而厚,鱼体侧线亦分上行及下行两段,尾鳍末端略呈扇形。

图2-1 莫桑比克罗非鱼

(二)生活习性

生存的临界温度:上限,40℃其分解代谢受到影响,42℃则为致死温度;下限,13℃生长极差,10℃则停止生长,8℃为致死的温度。它又是广盐性鱼类,耐盐度范围很大。它既能在淡水中生活,又能在含盐量占35‰~40‰的咸水中生活,但其繁殖会受到影响。其最适合的盐度是8.5‰~17‰。它一般栖息于底层,有时生活于水体的中下层。在阳光充足水温升高的情况下,也常游到水的表层。当遇到声响时,就潜入水底的软泥中,静止不动。

(三)食性

莫桑比克罗非鱼属于以植物性饵料为主的杂食性鱼类。天然饵料有浮游植物、丝状藻类、浮萍、芜萍(瓢莎)、底栖藻类和泥中有机质以及昆虫幼虫、水蚯蚓等。5厘米以下鱼苗摄食浮游动物,如枝角类、桡足类、轮虫、水蚯蚓等。5~9厘米的鱼种摄食浮游硅藻、绿藻、小型甲壳类等。人工养殖用的饵料如米糠、豆饼、糖糟等也很受欢迎。

（四）生殖习性

池塘中养殖生长2~3个月即达性成熟；湖泊中的鱼则需生长到6~9个月方可达性成熟，每年产卵的次数为6~11次。产卵量在80~1 400粒。它的生殖习性很特殊：成鱼在繁殖季节有明显的婚姻色，雄鱼比雌鱼的色彩更为鲜艳；雄鱼为雌鱼在水底构筑产卵窝，窝呈圆形，直径30~40厘米，深度10~20厘米；产卵时，雄鱼用头部压迫雌鱼腹部，雌雄双方进行周旋运动，诱发产卵；受精卵藏于雌鱼口内孵化，当稚鱼具有一定游泳能力后，雌鱼才将其吐出，并守候其旁，若有敌害侵袭，雌鱼立即将稚鱼吸入口中保护起来。

二、尼罗罗非鱼

（一）形态特征

尼罗罗非鱼（图2-2）体短，背高，体厚侧扁，体型似鲈鱼。头部平直或稍隆起，体被栉鳞；口大唇厚，口裂在鼻孔与眼缘之间或延至眼缘；体色黄棕色，鳃盖部有一黑色斑点，喉胸部白色；其体色随环境变化而呈适应性的改变，如生活在较暗环境中时，有的个体全身呈黑色；侧线断折，呈不连续两行。成体雄性呈红色；体侧有9条与体轴

图2-2　尼罗罗非鱼

垂直的黑色带条,其中背鳍下方有7条,尾柄上有2条;背鳍边缘黑色,在背鳍和臀鳍上有较为规则的黑色斑纹;尾鳍上终生有明显的垂直黑色条纹9~15条,末端圆钝,不分叉,尾鳍和胸鳍的边缘红色;幼鱼时背鳍有一个大而显著的黑色斑点,为罗非鱼族的标记,以后逐渐消失;幼鱼尾鳍后缘平截,成鱼尾鳍后缘呈扇形。成体雄鱼显得特别鲜艳;雌鱼体色较暗淡,孵育期间呈茶褐色,体侧黑,体条纹特别明显,头部也出现若干不太规则的黑色条纹。有一个方面应注意,目前用于杂交的尼罗罗非鱼由于来源较广,其外观形态并不完全一致,主要差别在体型偏长形或是背高体短型,体色也存在较大差异。

(二)生活习性

尼罗罗非鱼是热带鱼类,适宜的温度范围为16~38℃,最适生长水温24~32℃,在30℃时生长最快。致死温度上限为42℃,下限为10℃。14~15℃食欲减退。10℃完全不摄食。尼罗罗非鱼耐低氧性较强,在水温22~25℃时,0.7毫克/升的溶氧量,仅表现出微弱的浮头,但仍能摄食,在溶氧量为2.24毫克/升时摄食旺盛。为保持正常生长,水体中溶氧量必须保持在3毫克/升以上,低于0.1毫克/升时罗非鱼会窒息。水体其他指标为:氨氮含量1毫克/升以下,pH在7.5~8.5,二氧化碳在50毫克/升以下。该鱼属广盐性鱼类,能适应较大盐度范围的变化,可以从淡水中直接移入盐度为1.5%的海水中,反之亦然。若从较低盐度(1.5%以下)开始,逐步升高盐度,经短期驯化,最后能在3%盐度的海水中正常生长,在4%的盐度下仍能生存。尼罗罗非鱼一般生活于水底层,随水温变化早晨游向中上层,中午接近水表层游动,傍晚在中下层活动,夜间与黎明静止于水底。幼鱼喜集群游泳,成鱼遇敌害或拉网时先跳跃后潜入水底软泥,露嘴于泥外而不动。

(三)食性

1. 幼鱼期

幼鱼期几乎全部摄食浮游动物——轮虫卵、桡足类无节幼体和小型枝角类,随着个体的生长逐渐转为杂食性,其食物种类,在天然水体中,完全取决于水体中天然饵料的种类及数量,通常以浮游植物、浮游动物为主,也摄取栖底生物、水生昆虫及其幼虫,甚至小鱼、小虾,有时也吃水草等。

2. 成鱼期

成鱼期主要摄食浮游植物,其中蓝藻占70%,一些对于鲢鱼、鳙鱼等较难消化利用的藻类,该鱼都能较好的消化利用。该鱼对项圈藻的同化效率为75%,对微囊藻的同化效率为70%,对鱼腥藻的同化效率为75%,对菱形藻的同化效率为79%,对小球藻的同化效率为49%。在人工喂养的条件下,除摄食以上天然饵料外,还大量摄食各类商品饲料。如糠麸、油料饼粕、豆渣、酒糟等农副产品和食品加工副产品,以及人工配合饵料。利用各种商品饲料饲养该鱼,能获得很显著的效果,在生产中还可采取投饵与施肥相结合的方法,能取得较好的经济效益。

(四)繁殖习性

尼罗罗非鱼初次性成熟年龄为4~6个月,温度高,营养条件好,则生长快,成熟早,反之则成熟晚。初次性成熟个体重150~200克,雄鱼成熟稍早,个体也大。经过越冬的鱼种,由于漫长越冬期生长受到抑制,生长缓慢,甚至停止,其成熟年龄一般都已达到或超过6个月,所以当水温适宜并改善饲养条件后,体重只有50克左右的个体,也能成熟产卵。可见性腺的发育与成熟,除与个体生长有关外,年龄也起决定作用的。雌雄比例,在幼鱼群中为1:1,在成鱼群中约为6:5,28厘米以上的鱼为0.47:1。在广东、福建一带,一年产卵3~4次。每次间隔30~40天。在长江流域,一年产卵2~3次,每次间隔30~50天。第二次产卵量多于首次产卵量。尼罗罗非鱼的怀卵量,因个体大小而不同,体重100克的个体,怀卵量为800~1 000粒;体重200克的个体怀卵量为1 200~1 500粒,最多可达2 000多粒。尼罗罗非鱼的繁殖,除温度条件下,其他生态环境不会成为限制性条件,水温22~32℃,常年都可以产卵。当水温超过38℃或低于20℃时,很少甚至不产卵。产卵周期为30天左右,但个体之间的差异性很大,最短的产卵周期只有15天左右。在土质鱼池中,产卵前,通常雄鱼先挖坑做窝;但鱼窝并非为产卵的必备条件,在水泥池或水族箱中,不备做窝的环境条件,也能正常产卵和受精。该鱼的生殖行为比较特殊,发情的雄鱼体色显得特别鲜艳,并忙碌地挖窝筑巢,当鱼群

第二章

中有成熟的雌鱼时，便前往逗引，最终结成伴侣。产卵时位于雌鱼旁，当雌鱼产完一次卵，回头含卵时，雄鱼即排精。精卵一齐被雌鱼含入口腔，这样的过程要重复5～6次以上，产卵才告结束。受精卵在雌鱼口腔中孵化，当水温25～30℃时，约100小时，鱼苗便可孵出，刚出膜的鱼苗嫩弱，仍在母鱼口腔中，继续孵育，5～6天，鱼苗活动能力增强，母鱼将小鱼吐出，但略有惊动，母鱼又将其含入口内。出膜后10天，母鱼才"放心"让它们离开，过独立生活。

三、奥利亚罗非鱼

（一）形态特征

奥利亚罗非鱼（图2－3）体形侧扁，背部隆起，呈鲈鱼形；鳔无管，而只有体腔，体被栉鳞；吻圆钝，突出，口小端位，口裂不达眼前缘；侧线断折，呈不连续两行。外形上最重要的特点是鱼体的颜色，稚鱼体表灰色带有金属光泽，体侧有灰色垂直暗带，背鳍硬棘幼鱼有一大黑点，以后逐渐消失。体色会因环境的改变而迅速加深或变淡，也随年龄加深，从蓝灰色带有金属光泽，转为蓝黑色，鳃盖部有一深蓝色斑块，咽喉部呈银灰色，腹部白。鱼体两侧有垂直暗带9～10条，成鱼背部略带蓝黑色，腹部颜色较淡，背鳍、尾鳍边缘红色，胸鳍淡灰色透明。臀鳍、腹鳍深蓝色，长有生殖突起，尾鳍终生生有蓝绿色斑点，与尼罗罗非鱼尾鳍黑色垂直条纹相比，奥里亚罗非鱼是紫色不垂直和点状条纹，其末端平截不分叉，呈现橙红色。

图2－3　奥利亚罗非鱼

(二)生态习性

1.栖息水层

奥利亚罗非鱼属底层鱼类,栖息于淡水和半咸淡水湖泊、河溪和池塘的中底层,见于开阔水体以及石头堆和植物当中。具有很强的适应能力,且对溶氧较少的水有极强的适应性。在面积狭小的水域中亦能繁殖,甚至在水稻田里能够生长。奥利亚罗非鱼活动的水层随鱼体大小及水温变化而不同,并有明显的日变化。稚鱼阶段大多结集在水体边缘觅食、活动,随鱼体的长大逐渐转向水体中下层活动。早晨,随水温的升高,奥利亚罗非鱼逐渐成群地游向水体中上层活动;中午上层水温较高,可见奥利亚罗非鱼在上层游动;下午随表层水温的下降,鱼主要在水体中下层游动,夜间至第二天天亮就静栖于池底。

2.适应温度

奥利亚罗非鱼是热带鱼类,耐寒能力差。奥利亚罗非鱼对水温的要求较高,奥利亚罗非鱼的生存水温7～43℃,最适生长水温为25～30℃,适温范围在15～35℃,当水温低于15℃时奥利亚罗非鱼停止摄食,少动,当水温低于8℃时,就会有奥利亚罗非鱼开始出现死亡。

3.食性

奥利亚罗非鱼是以植物性食物为主的底层杂食性鱼类。

4.盐度适应

奥利亚罗非鱼是广盐性的鱼类,对盐度适应性较强,不但能在淡水中养殖,也能在半咸水中或海水中养殖,在海水中疾病也很少。溶氧需求奥利亚罗非鱼耐低氧的能力很强。一般认为,养殖奥利亚罗非鱼的水体中氧的含量应在2毫克/升以上。实践证明养殖水体中比较丰富的溶氧(溶解氧)有助于提高生长速度、提高饲料的利用率、减少病害的发生。

5.性成熟年龄与繁殖力

当年奥利亚罗非鱼不能生育,到第二年雌、雄鱼性腺成熟,如水温适宜即能产卵繁殖。繁殖的最小龄期为1冬龄,雌鱼成熟最小型体长为12.6厘米,体重58克;雄鱼体长10.5厘米,体重36克。这表明奥利亚罗非鱼产卵与体长、体重关系不大,主要与年龄有关。在密养情况下生长缓慢,虽体小,但到了一定年龄仍能产卵繁殖。

6. 多次产卵型

该鱼在水温 25 ~ 30℃时,每隔 30 ~ 50 天即可繁殖 1 次,子代性比为 1:1。性成熟的雄鱼除繁殖季节具有比雌鱼鲜明的婚姻色、体长和体重超过同龄雌鱼外,体高和体长的比值也大于雌鱼,背鳍和臀鳍软条都比雌鱼长(第二性征)。繁殖的最低水温为 20 ~ 22℃。广州一般从春季开始繁殖,初夏进入盛期,盛暑水温超过 30℃以后,繁殖减少。在繁殖季节,成熟雄鱼建立一个 0.7 ~ 1 米^2 的领域,用口与鳍挖出一个凹陷的产卵窝。雄鱼守卫着领地和产卵窝,并不时游向从附近过往的鱼群,直至带领一尾成熟雌鱼入窝。在窝中产卵受精后,雌鱼把受精卵衔入口中离去。于是,雄鱼再行寻找其他成熟雌鱼,继续进行繁殖活动。受精卵的孵化时间随温度而定,在 25 ~ 27℃需 13 ~ 14 天。而后幼鱼仍密集于母鱼头部附近约 3 天,遇危险会再被衔入口中,5 天后这种亲子关系才结束。随后雌鱼进入新的繁殖周期。

四、奥尼罗非鱼

(一)形态特征

奥尼罗非鱼(图 2-4)是奥利亚罗非鱼雄鱼和尼罗罗非鱼雌鱼的杂交种,奥尼罗非鱼具有双亲形态的大部分特点,其形态较接近其

图 2-4 奥尼罗非鱼

母本尼罗罗非鱼,体侧扁,头部平直或稍隆起。体态较双亲丰满肥厚,体形、尾柄短而高,体被栉鳞,侧线断折,呈不连续两行。尾鳍末端呈钝圆形,背鳍、臀鳍有黑白相间的斑纹,尾鳍上有类似尼罗罗非鱼的黑白相间条纹,背鳍边缘蓝黑色,性成熟时尾鳍边缘呈红色,体侧有不规则黑色条纹和斑点。一般地,奥尼罗非鱼尾鳍条纹没有尼罗罗非鱼的整齐、清晰,特别是越靠近边缘条纹越乱,体色类似于奥利亚罗非鱼,呈淡蓝色,背部较深,下侧与腹部较浅,头部较绿,鳃盖后部有较明显蓝色斑块,体色也会因环境的改变而迅速加深或变淡。

(二)生存环境

奥尼罗非鱼的生存水温为 12~39℃,最低临界温度为 7℃(普通罗非鱼为 10℃),最高临界温度 40℃,最适生长水温为 24~35℃,短时间可耐最低水温为 4℃,最高水温为 42℃,水温降低至 10℃ 以下停止摄食生长,温度降至 4℃ 以下会冻死。生存范围 pH 5~10,最适范围 pH 7~8.5。亚广盐性,既能生活于淡水中,又能生活于半咸水中,盐度 8% 以下生长良好。耐低氧,在溶氧较低的肥水中也能正常生长。

(三)特点

奥尼罗非鱼食性杂,可摄食水中浮游动植物及花生饼、米糠、麦皮、豆饼和配合颗粒饵料等,饵料易解决。奥尼罗非鱼的优点很多,特别是它的雄性率最高,达到 83%~100%,平均在 92% 以上,对养殖雄性罗非鱼,提高个体规格和群体产量极为有利,基本上能解决罗非鱼在养殖过程中繁殖过多的问题。奥尼罗非鱼的制种方法比较简便,只要水温稳定在 18℃ 以上,将成熟的上述雌雄亲本放入同一繁殖池中,水温上升到 22℃ 时,它们就能自行产卵受精育出鱼苗。在水温达 25~30℃ 的情况下,每隔 30~50 天可杂交繁殖 1 次。

奥尼罗非鱼的生长速度比父本鱼快 17%~72%,比母本鱼快 11%~24%;群体产量超过福寿鱼,增产效果显著。抗寒能力比尼罗罗非鱼和福寿鱼都略强。其含肉率比福寿鱼也略高,肉质清爽。其抗病能力也较强。但是奥尼罗非鱼制种时的产苗率较低,因为尼罗罗非鱼(♀)与奥利亚罗非鱼(♂)这一组合的杂种产苗量较少。据报道,奥尼罗非鱼的产苗率仅为奥利亚罗非鱼纯种繁殖产苗率的

1/6~1/3,仅为尼罗罗非鱼纯繁苗的3/5。所以,在进行杂交组合时,根据制种计划,应考虑增加亲本数量。

五、红罗非鱼

红罗非鱼(图2-5)是尼罗罗非鱼和莫桑比克罗非鱼杂交的一个突变种,因鱼体为红色,故称红罗非鱼。它具有生长快,食性杂,繁殖力强,适应盐度广,耐低氧,抗病力强,海淡水都可养殖等优点,且该鱼肉厚而无脊间刺,摄食绿藻而使鱼肉富含叶绿素,味道既鲜美又能养颜润肤,兼有食用价值和观赏价值。在其成鱼养殖中,因其体色鲜艳,个体大,生长快,产量高,既可以进行单养或混养,又可以利用网箱或稻田养殖,养殖效益十分可观,为广大养殖经营者所普遍推崇。

图2-5 红罗非鱼

(一)形态特征

体侧扁,背较高,口中等大,下颌稍长于上颌,无口须,鼻孔左右各一个。胸、腹、尾鳍较大,腹鳍位于胸鳍处,背鳍较长延伸至前方,尾鳍圆形且不分叉。体被硬圆鳞,侧线分上下两唇,侧线纵鳞29~31枚。上下颌均具数列锯状、圆锥状齿,胃不明显,胃盲囊发达,两叶条状肝脏发达,胰脏较小,胆囊发达,胆汁深绿色,腹膜白色,此为红罗非鱼独具特征。生殖孔、泄殖孔与其他罗非鱼相似。体型有尼罗罗非鱼型、奥尼罗非鱼型、莫桑比克罗非鱼型等。有的鱼几种颜色浑然一体,类似海水绸类鱼,十分诱人。

红罗非鱼是罗非鱼中一杂交变异种,不同地区、不同品系其杂合性不同。体色有粉红、红色、橘红、橘黄等,体色与生长抗病力相关性状特性如下:

1. 体色与生长

养殖过程中粉红色生长最快,橘红次之,橘黄最慢,这表明罗非鱼的生长虽与体色有关,但主要受到一些遗传因素的影响。

2. 体色与抗病力

在苗种培育过程中发现粉红色成活率低,抗逆性稍差,橘红次之,橘黄色生存力最强,在苗种越冬过程中尤其明显。

3. 体色与腹膜

体色粉红、橘红、橘红间黑点的鱼腹膜均为白色,橘黄色间黑斑鱼腹膜黑色或间黑色。

(二)生活习性

1. 栖息习性

与其他罗非鱼一样,红罗非鱼属热带广盐性鱼类,耐低氧,室息点较低,对盐度适应范围广,红罗非鱼既能生活在淡水中,也能生活在海水中。对水中盐度变化具有很强的适应性,在盐度为 3.4% 的海水中也能正常生长和繁殖。该鱼一般生活于水体底层,晴天早晨,随着水温的升高逐渐游向水体中上层,中午接近水表层活动,如受惊,立即潜入底层。傍晚水温逐渐降低,便游向中底层活动,夜间至第二天清晨静止于水底。栖息水层也因个体大小而有不同,刚孵出的幼鱼,常集群在池边浅水处活动,稍长大后,便分散到池中央。

2. 环境适应性

红罗非鱼不耐低温,适温范围为 16 ~ 35℃,最适温度为 24 ~ 30℃,水温降到 15℃ 以下时,游动缓慢,摄食减少,因此最适于广东、广西及海南等地养殖。红罗非鱼耐低氧能力极强,离水后,只要鳃部保持湿润,即可存活数小时。养殖水中溶氧量低于 1 毫克/升。对盐度适应范围广,可在盐度 3.1% 以下的适温水体中生活,对水中盐度变化具有很强适应性,在盐度为 3.4% 的海水中也能正常生长和繁殖。

3. 食性

食性为杂食偏植物性,贪食。天然条件下以浮游植物为主,也摄食浮游动物、底栖附着藻类、寡毛类、有机碎片等。幼稚鱼阶段主要以轮虫、桡足类和枝角类为食,也摄食一些绿藻和硅藻。稍长大后,摄食水生昆虫幼虫、孑孓、水蚯蚓、芜萍等。成鱼阶段食谱很广,吃各种浮游的、底生和附生的藻类、幼嫩的水生植物、有机碎屑,也吃蚯蚓、水生昆虫等动物性饵料。在人工饲养条件下,可以投喂芜萍、浮萍、菜叶、米糠、豆饼、麸皮、豆渣、花生饼、糖糟以及少量鱼粉、蚕蛹粉等。此外,施牛粪、猪粪和绿肥时,也能直接摄食一部分。值得注意的是,在幼鱼阶段,当饵料缺乏时,常发生残食现象。

(三)生长繁殖

红罗非鱼生长快,个体大,当年苗种可长 150～750 克。鱼苗经 100～120 天可达性成熟,性成熟个体因品系不同有所差异,如星洲红鱼和彩虹鱼初次成熟个体 300～400 克,属多次产卵类型,成鱼每年产子 300～2 000 尾。幼鱼用甲基睾丸酮诱导转性可获得 95% 以上的雄性率。

红罗非鱼 5～6 月龄体长 15 厘米以上达到性成熟。繁殖温度为 21～35℃。24～32℃最适,粤闽一带每年可繁殖 4～5 次,产卵数量随雌鱼体长增加而增大,体长 15～17 厘米的雌鱼产卵 500～1 000 粒;体长 20～25 厘米的为 1 000～1 500 粒。卵沉性,但可被水流携带上浮。当水温稳定在 18℃ 以上,将成熟亲鱼放入池中,水温升达 21℃时,即可自然繁殖。

六、"新吉富"罗非鱼

"新吉富"罗非鱼(图 2-6),是上海水产大学与国家级广东罗非鱼良种场及青岛罗非鱼良种场长期合作,采用 1994 年从国际水生生物资源管理中心(ICLARM)引进的尼罗罗非鱼 GIFT 品系(1997年全国水产原良种审定委员会审定为引进良种,命名"吉富品系"尼罗罗非鱼)为育种材料,以数量遗传学理论为指导,传统选育和生物技术相结合,经 10 多年努力育出的优质罗非鱼良种。2006 年 1 月经过连续 9 代的混合选育,获得的子代经全国水产原种和良种审定委员会确定为新品种,定名为"新吉富",登记号 GS - 01 - 001 - 2005,并由农业部公告(第 641 号)推广养殖。

图 2 - 6　"新吉富"罗非鱼

　　"新吉富"罗非鱼为热带广盐性鱼类,适宜的温度范围为 16 ~ 38℃,最适温 22 ~ 35℃,水温低于 12℃易发生冻伤死亡。水温适宜的淡水池塘、水库、湖泊、河道、稻田和低洼盐碱地水域及海水塘均可养殖,还可工厂化流水养殖。养殖对比证明,比常见的奥尼罗非鱼生长快 30%,单位面积产量比其他品种高 20% ~ 30%。具有生长快、规格齐、体形好、出肉率高、适应性强、初次性成熟月龄推迟、易辨认(体高、尾鳍条纹典型的个体比例高)等特点,符合当前养殖大规格罗非鱼加工出口需要。"新吉富"罗非鱼品种特点有:生长快,抗逆性强。"新吉富"罗非鱼的生长速度比引进时提高了 30% 以上,在广东省和海南省,6 个月可长到 800 克,一年 1 ~ 2 造,每造亩产 1 ~ 2 吨,病害少、耐运输、商品鱼规格整齐、适合加工;头小体高,规格齐,出肉率高,体长:体高为2.18,比国家标准体高提高 10%,出肉率 35% ~ 38%,比一般罗非鱼(30% ~ 33%)高 5% 以上,深受加工企业青睐。尾鳍条纹典型个体比例高,易识别"新吉富"鱼的尾鳍典型(条纹平行、清晰)个体比例达到了 37.6%,为引进时(17.6%)的 2.14 倍;遗传纯度高,遗传纯度已提高到 92% 以上,由于纯度高,为提高同奥利亚罗非鱼杂交后代(如吉奥罗非鱼)的雄性率提供了遗传保障;初次性成熟时间较迟,在广州地区常规气候条件下,"新吉富"雄鱼初次性成熟约 5 个月,雌鱼约 6 个月,比其他罗非鱼迟了1~2个月,有利于罗非鱼的生长。

七、"吉丽"罗非鱼

尼罗罗非鱼和萨罗罗非鱼在分类上归不同属,前者为雌鱼口孵,而后者则主行雄鱼口孵,自然条件下二者不能交配繁殖。通过人工授精,获得了尼罗罗非鱼(♀)×萨罗罗非鱼(♂)杂交子代 F1,实验证明杂交 F1 基本上整合了双亲耐盐性能强和生长性能好的优点。由杂交 F1 自繁得到的杂交 F2 还稳定地继承了 F1 的杂交优势,2009年全国水产原良种审定委员会审定为新品种,命名"吉丽"罗非鱼(图 2 – 7),登记号 GS – 02 – 002 – 2009,农业部公告推广养殖,是当前最有推广应用潜力的海水养殖罗非鱼新品种。

图 2 – 7 "吉丽"罗非鱼

"吉丽"罗非鱼的品种特点有:耐盐性强,适合在 2% ~ 2.5% 水体中养殖;生长速度快,在适合盐度条件下,经过 5 ~ 6 个月可达 500克以上的商品规格;繁殖能力强,由于杂交 F1 可自繁,可实现批量化"吉丽"罗非鱼苗种生产;口味优,"吉丽"罗非鱼的口味优于淡水养殖的罗非鱼,可同一般石斑鱼、鲷鱼等媲美,有良好的市场前景。

第三章 罗非鱼健康养殖的水质管理

　　罗非鱼具有食性广、耐低氧、生长快、发病少、繁殖能力强等优点,而且易饲养,市场好,目前在我国养殖比较广泛,是广大渔农的主要养殖品种,尤其是罗非鱼在目前国际市场上比较活跃,因此集约化养殖方兴未艾。但集约化养殖也逐渐带来一些问题,不少养殖户因片面追求产量,不断向养殖水体投放过多的饲料及肥料等,使水质不断恶化,鱼类生存环境每况愈下,时常发生大量死鱼以及因产品质量问题遭遇市场壁垒等现象,给养殖经营者带来很大的损失。同时,罗非鱼属于热带鱼类,对养殖环境及饲养管理要求比较特殊,对水质要求相对较高,所以,在养殖中水质管理成为罗非鱼养殖的关键因素。

第一节 健康养殖的水质要求与管理

一、水源的选择

（一）慎重选择水源

一般水源条件要求水源稳定、水量充足、清洁、卫生，不带病原微生物以及人为污染物等有毒有害物质。水源地不可有工业或农业污染水流入。水的物理、化学特性要符合国家渔业水质标准（GB 11607—89）。同时要求注水、排水方便，且单注单排。养殖水质应符合表3-1中的要求。

表3-1　渔业水质标准（毫克/升）

序号	项目	标准值
1	色、臭、味	不得使养殖水体带有异色、异臭、异味
2	漂浮物质	水面不得出现油膜或浮沫
3	悬浮物质	人为增加的量不得超过10个/升，而且悬浮物质沉积于底部后，不得对鱼、虾、贝产生有害的影响
4	pH	淡水6.5~8.5，海水7.0~8.5
5	溶氧	连续24小时中，16小时以上必须大于5，其余任何时候不得低于3
6	生化需氧量（5天，20℃）	不超过5，冰封期不超过3
7	总大肠菌群（个/升）	≤5 000
8	汞	≤0.000 5
9	镉	≤0.005
10	铅	≤0.05
11	铬	≤0.1
12	铜	≤0.01

续表

序号	项目	标准值
13	锌	≤0.1
14	镍	≤0.05
15	砷	≤0.05
16	氰化物	≤0.005
17	硫化物	≤0.2
18	氟化物	≤1
19	非离子氮	≤0.02
20	凯氏氮	≤0.05
21	挥发性酚	≤0.005
22	黄磷	≤0.001
23	石油类	≤0.05
24	丙烯腈	≤0.5
25	丙烯醛	≤0.02
26	六六六(丙体)	≤0.002
27	滴滴涕	≤0.001
28	马拉硫磷	≤0.005
29	五氯酚钠	≤0.01
30	乐果	≤0.1
31	甲胺磷	≤0.1
32	甲基对硫磷	≤0.000 5
33	呋喃丹	≤0.01

(二)水源的净化与消毒

一是在注水口、排水口处要建好拦鱼网具,既避免敌害生物及野杂鱼入池,又可防止逃鱼;二是在水源进入养殖池前要在蓄水池中过滤和消毒,以杀灭水源中的病原体和敌害生物,一般可用 25～30 克/米³ 生石灰或 1 克/米³ 漂白粉(含有效氯 25% 以上)全池泼洒,需杀灭虫害时,还可用 0.5 克/米³ 敌百虫药液(90% 的晶体敌百虫)全池泼洒;三是采用水处理设施,如人工湿地、生物氧化塘等对水源进行处理。

二、标准化养殖水质的要求

水的 pH,水的硬度,水体中的溶氧、氨氮、硫化氢含量等方面均对养殖效果产生影响。

对养殖水质的质量要求俗称:"肥、活、嫩、爽"四字。"肥"指水体中有丰富的饵料生物,数量大,一般透明度为 30~40 厘米;"活"指水色一天(早、中、晚)有三变,早红晚绿;"嫩"藻类及水生植物生长旺盛,水色有光泽,不发暗,没有过多的动植物尸体,氨氮、硫化氢含量合格时为"嫩";"爽"指水中悬浮或溶解有机物较少,水体没有动植物尸体的腐败味,水不发黏,清爽不黏,溶氧补充及时,交换性好,氨氮、亚硝态氮和硫化物等有害物质含量较低,pH 适中。

(一)温度

罗非鱼属热带性鱼类,所以对温度要求较高。如果温度过低或过高就会影响其生存、生长和繁殖。可广泛生存在 14~40℃的自然水体中,罗非鱼的最高临界温度为 40~41℃,最适生长温度为 28~32℃。当水温低于 15℃时,罗非鱼躲于水底,不摄食,少动。养殖时最大的弱点是罗非鱼畏寒,以致在我国绝大部分地区不能自然安全越冬;就是南方地区,每年也有较短的降霜期,最低水温可达 6~8℃或以下,对罗非鱼的生存亦有一定的影响,必须增设保温措施才能使其安全渡过寒冷的冬天。

(二)溶氧

罗非鱼生活的水中,需要不断供应氧气,才能生存和生活。这种溶于水中的氧称为溶氧,以毫克/升表示。溶氧在 3 毫克/升以上,罗非鱼正常生长,旺盛摄食,不受影响。虽然罗非鱼耐低氧能力很强,但是它对低溶氧非常敏感,当水中溶氧低于 2.5 毫克/升以下时,罗非鱼就开始浮头,长时间的浮头不但影响其摄食、消化、生长,还很容易引起疾病发生。在池塘养殖中,水中的溶氧昼夜起伏,白天浮游植物进行光合作用,释放氧气,下午 2~3 点时藻类的光合作用最强,上层水域的溶氧多处于过饱和状态。夜晚时分,水体处于耗氧状态,这时的鱼最易浮头。如果水体过深,池底白天也可能出现缺氧甚至无氧状态。高温季节,有机耗氧增加、天气变化、气压低或载鱼量大时仍有可能出现罗非鱼严重浮头现象。晴天中午1点增氧机可开2~3小时,使池塘水体形成对流,将上层的溶氧打入下层;一切生物在夜间通过呼吸作用,需消耗大量溶氧,此时池塘溶氧低,夜间凌晨2点半时可开增氧机至天亮。值得注意的是,在天气突变、气压低时,要提前开增氧机,防止浮头。

(一)盐度

罗非鱼属于广盐性鱼类,既能生活于淡水中,又能生活于半咸水甚至海水中。罗非鱼对水体中盐度的变化具有很强的适应能力,但随着盐度升高,生长速度逐渐减慢。另外,幼鱼对盐度的忍受能力比成鱼差。且不同种类的罗非鱼对盐度的耐受能力也有差异。如莫桑比克罗非鱼可以直接在盐度为3%的海水中生存。尼罗罗非鱼的耐盐性比其他一些种类的罗非鱼要差,只能耐受2%~2.3%的盐度。

(二)硬度

指水体中钙镁离子含量的总和。其主要作用有:①改善底质,稳定水体的酸碱度,提高微生物的降解效率。②钙镁含量充足,可促进有机物絮凝聚沉,提高水体的自净能力。③降低生物对重金属的吸收和积累。④生物生长(罗非鱼骨骼生长)的营养元素。养殖罗非鱼的水体正常的硬度为50~150毫克/升(碳酸钙)。

(三)氨氮

氨氮的主要来源是鱼类的粪便、残饵、动植物尸体等。它对鱼类的影响很大,特别是在密养情况下。一般罗非鱼池塘养殖池塘水体中氨氮含量在0.25~0.75毫克/升为宜。当氨氮的浓度太高达1.5毫克/升以上时,即使加大溶氧的含量,也会影响罗非鱼的生存。

(四)pH值

罗非鱼适合生长于pH值为7.5~8.5的水体环境中。其忍耐的最高pH值根据鱼的大小及水中氨氮的浓度不同而有所变化。如果氨氮浓度在0.2毫克/升以下,罗非鱼忍耐的pH可高达9.0以上。但pH越高,水体环境中的氨氮对罗非鱼的毒性作用就越强。因此,我们要保持水体呈略偏碱性。当pH值略高于8.5时,可用醋,每亩施用1~2千克;高于9时,可选用醋酸或硅酸等弱酸,根据酸碱平衡来确定用量;低于 7 时,每亩可用 10 千克生石灰,一方面可提高水体 pH 值,另一方面还可用来对水体消毒。

(五)硫化氢

硫化氢是由硫酸盐和厌氧细菌氧化其他硫化物而产生的。它对水生生物有很强的毒性。一旦水处于缺氧状态下,蛋白质无氧分解以及硫酸根离子还原等都会产生硫化氢,当其含量超过 2 微克/升时,将会造成慢性危害。

三、标准化养殖水质安全管理

(一)合理施肥,培育良好水质

罗非鱼对水质肥瘦要求相对不严格,但养殖时,通过适度施肥,可使池中浮游生物处于良好的生长及繁殖状态,有利于浮游生物通过光合作用增加水体中的溶氧,同时,浮游植物可作为罗非鱼的天然饵料。因此,适度施肥既可促进罗非鱼的生长,又控制水质的变化。通常在投放罗非鱼苗种或是新开挖的池塘应施足基肥,以改善底泥的营养状况,促进天然饵料的增殖;养殖过程中应视季节、水温、水色、透明度等情况来确定施追肥。在高温季节,水温高,水体肥度大,水中溶氧会随之下降,此时间段应减少施肥,尤其在高密度养殖模式下更应引起重视。追肥施用时间应安排在晴天为宜,天气闷热或鱼吃食不旺,病害暴发时,应少施肥或不施肥。值得一提的是,所施肥料应以化学肥料为主,因磷肥、氮肥是绝大多数水域中经常不足的营养成分,施磷肥可刺激细菌固氮及藻类繁殖从而提高水域中氮肥的作用。施肥过程应摒弃水越肥越好的错误观念。随着罗非鱼养殖密度的加大,排泄物及废弃物不断增多,水质肥度过高,易导致鱼病暴发、鱼浮头、生长缓慢或鱼肉泥腥味加重等影响罗非鱼养殖质量的问题。适宜的水质一般应保证透明度在 30 厘米以上。

(二)科学投喂,稳定水质

过度投喂不仅浪费饲料,残余饲料也会进而影响水质。当前罗非鱼多以高密度养殖为主,养殖户为追求高产量,尤其在 5～10 月罗非鱼生长旺盛的时间段里,往往过度投放饲料,造成水质恶化,病害暴发。饲料投喂应坚持"四定"原则,即定质、定量、定时和定点。初期饲料蛋白质含量为 30% ~32% ,每天投喂量为鱼体总重量的 3% ~5% ;当鱼体达到 200 克左右时,饲料蛋白质含量降至 26% ~29% ,每天投喂量为鱼体总重的 2% ;当鱼体达到 300 克左右时,饲料蛋白质含量调高至 35% 以上,每天投喂量为鱼体总重量的 1% ~2% ,此时为罗非鱼进入生长最快的时期。每个鱼池视面积大小应配备 2 ~3 个投料台,以便定点投喂,每天投喂 2 次,分别为上午 8 点左右和下午 4 点左右。投喂还应根据天气、水质及摄食情况进行调整:天气晴好,水质清新,鱼类摄食旺盛时适当多投;反之,则应少投或不投。在上午鱼浮头时应停止投喂,以免造成病害。

(三)注意合理放养,保持良好的水质条件

合理的放养密度,可以保持良好的水质;适宜的搭配品种,可间接调节水质,互利共生,达到水体中的和谐。要使罗非鱼养殖成活率提高,必须控制好放养密度和配养鱼类。目前的养殖方式主要是池塘养殖和网箱养殖,适宜于与罗非鱼混养的鱼类,主要有鲢鱼、鳙鱼、草鱼、鳊鱼和淡水白鲳等。每年春季当水温回升稳定在 15℃ 以上时便开始放养冬苗,池塘主养一般每亩放养罗非鱼种 1 500 ~3 000 尾,同时混养鲢鱼、鳙鱼种各 40 ~70 尾,以控制水质;与其他鱼混养时可亩放 200 ~500 尾。罗非鱼在网箱中可以单养、主养或搭配养殖。鱼种应以大规格为好,进箱规格一般为尾重 10 ~50 克,平均以 30 克为好。放养量应根据水质条件确定,溶氧量在 3 毫克/升以上时,放养密度每立方米水体放养 3 ~20 千克,鱼种放养前要进行药浴消毒处理。另外,随着鱼体不断长大,为调节好养殖密度,提高效益,可分批起捕上市及轮捕轮放,以调节水体中的载鱼量,保持良好的水质条件。

(四)定期注水,适时增氧,调控水质

水质调节是培养良好水质条件的根本途径。养殖时,要经常更换池水,溶氧应保持在 3 毫克/升以上,保持水质清新,严防浮头和乏池。5 ~10 月水温高,水质变化快,投喂施肥量较大,鱼类排泄强,极易造成水质恶化,此时加注新水不仅可以保持水温,增加养殖水体容积,还可增加水中的溶氧含量。在鱼种下塘前期,应逐步加换新水,换水不宜太多,视水位变化情况而定;通常每 15 天左右加换新水

15~20厘米,保持水位在1.0~1.5米。在养殖的中后期,特别是天气炎热季节,加深水位至2.5~3米,每15天加换新水15~20厘米,持续高温天气时,可适当增加换水次数。

养殖密度高,有机耗氧增加,养殖水体溶氧含量降低,除了采用加注新水来调节水质外,还要合理使用增氧机,以增加水体中溶氧的含量,使养殖水体对流混合。晴天时中午开机,开机时间为下午2~3点,其目的是打破热成层,增大全池溶氧的储备;阴天时第二天清晨开机,一般为凌晨3~5点,开机的主要目的是直接增氧,一般开机到日出;阴雨连绵或由于水肥鱼多等原因使鱼出现严重浮头危险时,要在浮头之前,一般是半夜前后即开机一直持续到日出。一般情况下,傍晚不开机,因为通常这时池水溶氧还不至于紧张,而且开机只会促成池水的提前垂直混合,从而加深耗氧水层,延长耗氧时间,会导致黎明前的溶氧显著降低。发生浮头时,亦可选用增氧剂等相关药物予以增氧。同时,应及时清除池塘或饲料台上的残饵、污物,防止水质污染。

(五)严防各种病害

在罗非鱼的养殖中,定期防病是培养良好水质条件的保证。一般使用生石灰防病较合适,因为它可以调节水体的pH值,杀灭水体中的有害病菌,并可使底泥释放出无机盐,增加水体的肥度。首先要定期消毒,池塘养殖时每10~15天施生石灰按每亩15~20千克化水全池泼洒,每月1~2次调节池水pH值至微碱性,用生物制剂改善池塘微生物结构,改良水质;同时要适时开机增氧,使池水中pH值保持在7.0~8.0,透明度在25~30厘米。网箱养殖时,可以通过药物挂袋或投喂药饵的办法,进行定期消毒防病,改善水质条件。其次要加强日常管理。坚持日夜巡塘,每天坚持测量水温、气温3次,每周测1次pH,测2次透明度。清晨、夜晚各巡塘1次并做好养殖日记;定期调节水质,鱼种下塘后,要保持池水呈茶褐色,透明度为25~30厘米。在高温季节,一般每周换水1~2次,每次换去池水的20%~30%。另外,要创造良好的养殖环境,禁止一切有害生物进入水体。

第二节　养殖废水的生物处理技术

养殖水体中的有机物主要由残饵、浮游生物的代谢产物及养殖动物的排泄物分解产生,水体中有机物含量过高时常造成水生态环境恶化水质恶化,一旦发生水质恶化,鱼类的摄食、生长都将受到严重影响,甚至导致中毒、疾病,以致死亡或泛池。净化养鱼用水的方法与工业处理有机污水的方法基本相同,传统的水质净化一般采用化学、物理、生物3种方法,而这3种方法又以各种形式在生产上应用,这里主要介绍几种养鱼废水的生物处理技术。养殖水体生物处理模式图见图3-1。

气线 ------

水线 ──────

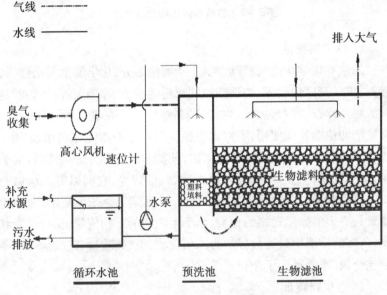

图3-1　养殖水体生物处理模式图

第三章

一、生物膜法

生物膜法(图3-2)主要有生物滤池、生物转盘、生物接触氧化设备和生物硫化床等,这些技术因为其微生物的多样化,在水产养殖废水的封闭循环使用中得到广泛利用。

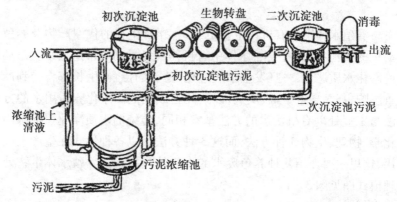

图3-2　养殖水体生物膜法处理

(一)生物滤池

滤池有化学滤池、物理滤池、生物滤池之分,化学滤池是活性炭、沸石、离子交换树脂等;物理滤池的滤料是沙子、碎珊瑚等;生物滤池的滤料是碎石、卵石、焦炭、煤渣、塑料蜂窝等。在这几种滤池中,只有生物滤池能连续使用,不需要更换滤料。生物滤池在启用前30～40天先过水运转,接种和培养生物,使滤料上形成一层明胶状的黏膜,即生物膜,主要是好气菌、原生动物、细菌等,它们以氨氮溶解有机物质为食料,在呼吸作用中氧化,从而获得生命进行繁殖,而微生物又是更大的原生动物的食料,由于生物间的互相依赖,保持平衡状态,鱼体的排泄物最终被分解为二氧化碳、氨、碳酸盐、硫酸盐等简单的化合物,水就得到了净化。

(二)生物转盘

生物转盘由一串固定在轴上的圆盘组成,盘片之间有一间隔,盘片一半放在水中,另一半露出水面。水和空气中的微生物附在盘片的表面上,结成一层生物膜。转动时,浸没在水中的盘片露出水面,盘片上的水因自重而沿着生物膜表面下流,空气中的氧通过吸收、混合、扩散和渗透等作用,随转盘转动而被带入水中,使水中溶氧增加,水质得到净化。

二、人工湿地

人工湿地是指通过选择一定的地理位置和地形,并模拟天然湿地的结构和功能,根据人们的需要人为设计并建造起来的一种污水净化综合系统。水体、透水性基质(如土壤、沙、石)、水生植物和微生物种群是构成人工湿地系统的基本要素,其除污原理主要是利用湿地中的基质、水生植物和微生物之间通过物理、化学和生物的3种协同作用净化污水。人工湿地系统通过沉积和过滤去除沉降性有机物,主要通过微生物降解去除可溶性有机物,通过基质的吸附、过滤、沉淀以及氮的挥发、植物的吸收和微生物的硝化、反硝化作用去除氮,通过湿地中基质、水生植物和微生物的共同作用去除磷。人工湿地水平流剖面图见图3-3。有报道称,根际区是植物去污除磷的主要部位,它们为微生物的生存和营养物质的降解提供了好氧、缺氧、厌氧的状态,可以通过硝化、反硝化作用及微生物对磷的过量积累作用从废水中去除磷。水生植物是湿地系统最明显的生物特征和主要组成部分,在去除铵、亚硝酸盐、硝酸盐、磷酸盐、悬浮物(SS)和BOD等方面间接或直接起着重要作用。水植物对水体的净化具有非常重要的作用,污染的净化作用主要表现在:

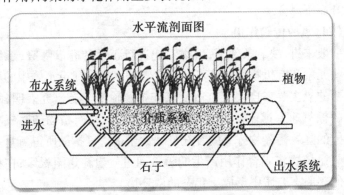

图3-3　人工湿地水平流剖面图

（一）物理作用

水生植物的存在减小了水中的风浪扰动,降低了水流速度,并减小了水面风速,这为悬浮固体的沉淀去除创造了更好的条件,并减小了固体重新悬浮的可能性。植物的另一重要作用是它的隔热性。在冬季,当人工湿地中的水生植物死亡并被雪覆盖后,它就为人工湿地提供了一个隔热层,这样有利于防止人工湿地土壤冻结。

（二）植物的吸收作用

水生植物能直接吸收利用污水中的营养物质,供其生长发育。有根的植物通过根部摄取营养物质,某些浸没在水中的茎叶也从周围的水中摄取营养物质。水中植物产量高,大量的应用物质被固定在其生物体内。当收割后,营养物就能从系统中被除去。废水中的有机氮就能被微生物分解与转化,而无机氮作为植物生长过程中不可缺少的物质被植物直接摄取,再通过植物的收割而从废水中除去。

（三）植物的富集作用

许多的水生植物有较高的耐污能力,能富集水中的金属离子和有机物质。如凤眼莲,由于其线粒体中含有多酚氧化酶,可以通过多酚氧化酶对外源苯酚的羟化及氧化作用而解除酚对植物的毒害,所以对重金属和含酚有机物有很强的吸收富集能力。水生植物还能吸附、富集一些有毒有害物质,如重金属铅、镉、汞、砷、钙、铬、镍、铜等,其吸收积累能力为:沉水植物 > 漂浮植物 > 挺水植物。不同部位浓缩作用也不同,一般为:根 > 茎 > 叶,各器官的累积系数随污水浓度的上升而下降。

（四）氧的传输作用

一般来讲,缺氧条件下,生物不能进行正常的有氧呼吸,还原态的某些元素和有机物的浓度可达到有毒的水平。河道水体中的污染物需要的氧主要来自大气自然复氧和植物输氧。有研究表明,水生植物的输氧速率远比依靠空气向液面扩散速率大,植物的输氧功能对水体的降解污染物好氧的补充量远大于由空气扩散所得氧量。植物输氧是植物将光合作用产生的氧气通过气道输送至根区,在植物根区的还原态介质中形成氧化态的微环境。

（五）为微生物提供栖息地

微生物是水体净化污水的主要"执行者"，水体中微生物的种类和数量很丰富，因为水生植物的根系常形成一个网络状的结构，并在植物关系附近形成好氧、缺氧和厌氧的不同环境，为各种不同微生物的吸附和代谢提供了良好的生存环境，也为水体污水处理系统提供了足够的分解者。大型挺水植物在水中部分能吸附大量的藻类，这也为微生物提供了更大的接触表面积。研究表明，有植物的水体系统，细菌数量显著高于无植物系统，且植物根部的分泌物还可以促进某些嗜磷、氮细菌的生长，促进氮、磷释放、转化，从而间接提高净化率。因此，选择栽种耐污能力强、去污效果好、适合当地环境、根系发达、有一定经济价值的水生植物显得尤为重要。

人工湿地系统易受自然及人为活动的干扰，易堵塞，生态平衡易受到破坏，因而在设计时要因地制宜，需要与其他水处理技术相结合，并加以适当管理，这样才能长期维持高效运行。

三、投加高效微生物菌剂

即通过向水体中投加直接以目标降解物质为主要碳源和能源的高效微生物菌剂来增加生物量，强化生物处理系统对目标污染物质的去除能力。高效微生物菌剂在水产养殖中的应用研究方兴未艾，国内外很多学者已成功地分离到可抑制病原菌、除污，同时可促进养殖生物生长的菌株，有些已实现了商品化并在水产养殖中得到越来越广泛的应用。有报道称，使用藻青菌处理鲤鱼养殖废水，对氨氮和磷酸盐的去除率高达82％和85％，表现出良好的应用前景。另外，我国国内对有益微生物在水产养殖中的应用研究目前主要集中在对光合细菌的研究。据报道，光合细菌可利用水中的氨氮、硫化氢等，使水中的有毒物质减少，溶氧增加，防止水体富营养化，使水的透明度提高，从而改善水质。光合细菌通过光合作用大量消耗水中的有机物和无机物，改善了水质。

第四章 罗非鱼的营养需求与饲料供给

　　生产安全、健康的罗非鱼必须使用无公害饲料。无公害养殖用饲料主要可分为天然饵料、配合饲料原料和配合饲料三大类,其中,天然饵料只是促进鱼类生长的一个方面。要使鱼类在短期内达到商品规格,主要是靠人工饲料(包括配合饲料原料和配合饲料)。另外,鱼类养殖特别是在精养、高产的条件下,饲料费用往往是养鱼成本的50%以上。实践证明,使用优质的颗粒饲料与科学的投喂技术才能促使鱼类快速健康快速成长,获得高产,又不浪费饲料,降低生产成本,提高养殖经济效益。所以,了解罗非鱼有关的营养需求,饲料特点和投喂技术是必要的。同时,安全、无公害的罗非鱼饲料,必须有安全、无公害原料做保证,饲料中不能添加任何对人体有害的添加剂和促生长激素。

第一节　罗非鱼健康养殖对饲料原料的要求

一、对饲料原料产地环境要求

渔用饲料的原料产地必须远离"三废"污染地,即周围不能有工厂的废水、废渣、废气进入饲料原料的生产地。

渔用饲料的原料产地的重金属像铜、汞、锌、铬、镉、铝、钴等的指标不能超过的国家标准允许范围。

渔用饲料的原料产地的水源水必须符合地面用水二类标准,特别是水中的重金属、农药的含量不能超过相关规定标准。

二、对饲料添加剂的要求

(一)添加剂的性能要求

主要包括:①长期使用或者在使用期间不应对鱼、虾、蟹、贝等水生动物产生任何危害和不良影响,对种用动物不应导致生殖、生理改变,以致影响后代生长和繁殖。②在饲料和动物体内具有较好的稳定性。③不影响饲料的适口性。④在养殖动物产品中的残留量,不能超过卫生规定标准,不能影响产品的质量和人体健康。⑤添加剂中有毒物质或者重金属元素的含量不得超过允许的安全限度。

(二)添加剂的使用要求

使用前应注意添加剂的效价(质量)、有效期、限量、禁用、用量、用法、配伍禁忌等规定。不能用畜用、禽用添加剂代替鱼类用添加剂。营养性添加剂应符合《允许使用的饲料添加剂品种目录》(农业部公告第 105 号)及水产用饲料、饲料添加剂安全卫生要求的规定(表 4 – 1)。

表4-1　允许使用的饲料添加剂品种目录

类别	饲料添加剂名称
饲料级氨基酸7种	L-赖氨酸盐酸盐、DL-羟基蛋氨酸、DL-羟基蛋氨酸钙、N-羟甲基蛋氨酸、L-色氨酸、L-苏氨酸
饲料级维生素26种	β-胡萝卜素、维生素A、维生素A乙酸酯、维生素A棕榈酸酯、维生素D_3、维生素E、维生素E乙酸酯、维生素K_3(亚硫酸氢钠甲萘醌)、二甲基嘧啶醇亚硫酸甲萘醌、维生素B_1(盐酸硫胺素)、维生素B_1(硝酸硫胺素)、维生素B_2(核黄素)、维生素B_6、烟酸、烟酰胺、D-泛酸钙、DL-泛酸钙、叶酸、维生素B_{12}(氰钴胺)、维生素C(L-抗坏血酸)、L-抗坏血酸钙、L-抗坏血酸-2-磷酸酯、D-生物素、氯化胆碱、L-肉碱盐酸盐、肌醇
饲料级矿物质、微量元素43种	硫酸钠、氯化钠、磷酸二氢钠、磷酸氢二钠、磷酸二氢钾、磷酸氢二钾、碳酸钙、氯化钙、磷酸氢钙、磷酸二氢钙、磷酸三钙、乳酸钙、七水硫酸镁、一水硫酸镁、氧化镁、氯化镁、七水硫酸亚铁、一水硫酸亚铁、三水乳酸亚铁、六水柠檬酸亚铁、富马酸亚铁、甘氨酸铁、蛋氨酸铁、五水硫酸铜、一水硫酸铜、蛋氨酸铜、七水硫酸锌、一水硫酸锌、无水硫酸锌、氨化锌、蛋氨酸锌、一水硫酸锰、氯化锰、碘化钾、碘酸钾、碘酸钙、六水氯化钴、一水氯化钴、亚硒酸钠、酵母铜、酵母铁、酵母锰、酵母硒
饲料级酶制剂12类	蛋白酶(黑曲霉,枯草芽孢杆菌)、淀粉酶(地衣芽孢杆菌,黑曲霉)、支链淀粉酶(嗜酸乳杆菌)、果胶酶(黑曲霉)、脂肪酶、纤维素酶(reesei木霉)、麦芽糖酶(枯草芽孢杆菌)、木聚糖酶(insolens腐质霉)、β-聚葡糖酶(枯草芽孢杆菌,黑曲霉)、甘露聚糖酶(缓慢芽孢杆菌)、植酸酶(黑曲霉,米曲霉)、葡萄糖氧化酶(青霉)
饲料级微生物添加剂12种	干酪乳杆菌、植物乳杆菌、粪链球菌、屎链球菌、乳酸片球菌、枯草芽孢杆菌、纳豆芽孢杆菌、嗜酸乳杆菌、乳链球菌、啤酒酵母菌、产朊假丝酵母、沼泽红假单孢菌
饲料级非蛋白氮9种	尿素、硫酸铵、液氨、磷酸氢二铵、磷酸二氢铵、缩二脲、异丁叉二脲、磷酸脲、羟甲基脲
抗氧剂4种	乙氧基喹啉、二丁基羟基甲苯(BHT)、丁基羟基茴香醚(BHA)、没食子酸丙酯
防腐剂、电解质平衡剂25种	甲酸、甲酸钙、甲酸铵、乙酸、双乙酸钠、丙酸、丙酸钙、丙酸钠、丙酸铵、丁酸、乳酸、苯甲酸、苯甲酸钠、山梨酸、山梨酸钠、山梨酸钾、富马酸、柠檬酸、酒石酸、苹果酸、磷酸、氢氧化钠、碳酸氢钠、氯化钾、氢氧化铵

类别	饲料添加剂名称
着色剂6种	β-阿朴-8-胡萝卜素醛、辣椒红、β-阿朴-8-胡萝卜素酸乙酯、虾青素、β-胡萝卜素-4,4-二酮(斑蝥黄)、叶黄素(万寿菊花提取物)
调味剂、香料6种(类)	糖精钠、谷氨酸钠、5-肌苷酸二钠、5-鸟苷酸二钠、血根碱、食品用香料均可作饲料添加剂
黏结剂、抗结块剂和稳定剂13种(类)	α-淀粉、海藻酸钠、羧甲基纤维素钠、丙二醇、二氧化硅、硅酸钙、三氧化二铝、蔗糖脂肪酸酯、山梨醇酐脂肪酸酯、甘油脂肪酸酯、硬脂酸钙、聚氧乙烯20山梨醇酐单油酸酯、聚丙烯酸树脂Ⅱ
其他10种	糖萜素、甘露低聚糖、肠膜蛋白素、果寡糖、乙酰氧肟酸、天然类固醇萨洒皂角苷(YUCCA)、大蒜素、甜菜碱、聚乙烯聚吡咯烷酮(PVPP)、葡萄糖山梨醇

三、对饲料原料质量的要求

渔用饲料应符合《饲料和饲料添加剂管理条例》和《无公害食品渔用配合饲料安全限量》(NY 5072—2002),见表4-2。

表4-2 渔用配合饲料的安全指标限量

项目	限量	适用范围
铅(以Pb计)(毫克/千克)	≤5.0	各类渔用配合饲料
汞(以Hg计)(毫克/千克)	≤0.5	各类渔用配合饲料
无机砷(以As计)(毫克/千克)	≤3	各类渔用配合饲料
镉(以Cd计)(毫克/千克)	≤3	海水鱼类、虾类配合饲料
	≤0.5	其他渔用配合饲料
铬(以Cr计)(毫克/千克)	≤10	各类渔用配合饲料
氟(以F计)(毫克/千克)	≤350	各类渔用配合饲料
游离棉酚(毫克/千克)	≤300	温水杂食性鱼类、虾类配合饲料
	≤150	冷水性鱼类、海水鱼类配合饲料
氰化物(毫克/千克)	≤50	各类渔用配合饲料
多氯联苯(毫克/千克)	≤0.3	各类渔用配合饲料
异硫氰酸酯(毫克/千克)	≤500	各类渔用配合饲料
噁唑烷硫酮(毫克/千克)	≤500	各类渔用配合饲料

续表

项目	限量	适用范围
油脂酸价（KOH）（毫克/千克）	≤2	渔用育成配合饲料
	≤6	渔用育成配合饲料
	≤3	鳗鲡育成配合饲料
黄曲霉毒素 B_1（毫克/千克）	≤0.01	各类渔用配合饲料
六六六（毫克/千克）	≤0.3	各类渔用配合饲料
滴滴涕（毫克/千克）	≤0.2	各类渔用配合饲料
沙门菌（cfu/25 克）	不得检出	各类渔用配合饲料
霉菌（cfu/g）	≤3×10^4	各类渔用配合饲料

三、对饲料使用的要求

水产养殖过程中使用饲料要执行以下制度：①禁止使用无产品质量标准、无质量检验合格证、无生产许可证和产品批准文号的饲料、饲料添加剂。禁止使用变质和过期饲料。②建立养殖场专用的饲料清单，对饲料供应商的生产许可证、批准文号、产品执行标准号、主要成分、使用说明、合格证和批次检验报告等资料进行查验确认，并复印保存。③设置独立的饲料仓库，仓库应保持清洁、干燥、阴凉、通风，并有防虫鼠、防潮等措施。④配有专门的仓库保管员。仓库保管员应具有一定的饲料保存知识，认真填写饲料仓库登记表，记录购入、领用饲料的时间、数量等信息。⑤建立饲料使用记录，内容包括饲料投喂时间、品种、用量、残饵量、动物摄食情况等。

第二节 营养需求

一、能量

饲料能量是指饲料完全燃烧后所散发出的热量。饲料能量主要是饲料中的蛋白质、脂肪和碳水化合物氧化所产生。在遵守鱼类生理规律的前提下,应尽量利用脂肪、碳水化合物作为能源物质,这种原理通常被称为蛋白质节约作用。因为自然界中蛋白质资源有限,我们一般不希望利用蛋白质作为能源物质。由于饲料中蛋白质、脂肪、碳水化合物占绝大部分,因此我们可以首先认为鱼类采食了饲料就是采食了能量。饲料在鱼体内不能被消化部分则以粪便的形式排出体外,可以消化的部分所含有的能量称为可消化能量,经消化吸收入体内的营养物质,部分会从鳃、尿及体表排出体外而不被利用,可以被利用的营养物质所含有的能量称为可代谢能量;可代谢能量部分用于产热,部分用于体组织成分的沉积,后者称之为净能,其即是我们的生产目标,我们要最大可能提高饲料中这部分的能量。从这个角度讲,我们希望蛋白质最大可能地被用于净能,而不是用来产热、分解排出体外。任何生命活动都离不开能量。鱼类采食到的能量过多或过少都会导致其生长速率的降低,为此提供鱼类以能量水平适宜的饲料是非常重要的。因为能量必须在满足其基本产热需要(基础代谢、随意运动等所需能量)的基础上才能用于生长,如果饲料中能量相对于蛋白质来说不足时,那么蛋白质将用于产生能量。另一方面如果鱼的饲喂是以最大生长为目的,则含脂肪、糖过高的饲料会阻碍鱼对蛋白质和其他必需营养物质的吸收,这是因为鱼类和哺乳动物及鸟类一样,首先是为了满足能量需要而食。鱼类维持能量需要少,因鱼类体温仅比水温高 0.5℃,不需要维持体温恒定,用以维持体温的能量消耗小;水中的浮力大,用以维持体态和在水中运动需要的能量少,主要以氨的形式将含氮废弃物排出体外,所以在蛋白质分解代谢以及含氮废弃物排除方面损失的能量少。因此,鱼类较之畜禽的饲料利用系数要低得多,表示鱼类能量需要量的单位通常是能量蛋白比,即每千克饲料中含有的可消化能量千焦数与蛋白质克数之比,一般建议鲤鱼、斑点叉尾鮰和其他一些温水性鱼类饲料能量蛋白比为 8 ~ 9。

二、蛋白质

蛋白质是由二十多种氨基酸组成的,是生物有机体的基本组成成分,在生物体的结构和功能方面都起着重要作用。在动物的组织中,蛋白质是主要的有机物质之一,占机体干重的 65% ~ 75%。动物必须采食蛋白质,以保证机体获得合成蛋白质的原料物质——氨基酸的供给。鱼类采食饲料中的蛋白质后,经消化分解为游离氨基酸,再经肠道吸收入血,被运送至组织和器官中合成新的蛋白质。由于鱼类是连续性地利用蛋白质建立新的组织,那么就需要有规律地食入蛋白质和氨基酸。如果饲料不能提供足够的蛋白质,鱼类就会降低生长速度,停止生长,甚至减轻体重。此时鱼类就会消耗自身组织中的一些蛋白质,以确保维持更为重要的生命活动。反之,如果饲料蛋白质供给过多,其他能源物质偏少时,就会有一部分蛋白质被分解代谢,用作能源物质。

蛋白质是维持鱼体生命和活动所必需的营养成分,是构成鱼体的主要物质,也是能量的主要来源。鱼类对饲料中蛋白质含量的要求较高,常见的淡水养殖鱼类要求饲料中含粗蛋白质 20% ~ 40%。鱼类对饲料中粗蛋白质的需要量因鱼的种类不同而有差别。动物食性鱼类(如鳗鲡)对饲料的蛋白质含量要求较高,植物食性鱼类(如草鱼)要求最低,杂食性鱼类(如鲤鱼、鲫鱼)介乎两者之间。即使同一种鱼类,在不同的生长发育阶段,对饲料中蛋白质的需求量也有所不同。鱼类的年龄越小,对饲料中蛋白质的需要量越多;年龄越大,则需蛋白质越少。如尼罗罗非鱼小苗最适蛋白质需求为 35% ~ 40%,50 克以上鱼种则为 20% ~ 25%;奥利亚罗非鱼小苗最适蛋白质需求为 36%,鱼种、成鱼为 26% ~ 36%;农业部制定的我国水产行业标准 SC/T 1025—2004《罗非鱼配合饲料》中规定,罗非鱼苗饲料蛋白质含量要求 > 38%,鱼种饲料蛋白质含量要求为 28%,食用鱼饲料蛋白质含量要求 > 25%。我国的饲料蛋白主要来源于粗蛋白质,所以在使用饲料中,粗蛋白质含量应控制在 25% 以上,集约化养殖时,粗蛋白质含量应控制在 30%。鱼类对饲料中所含蛋白质的消化利用程度,由于种类、水温、摄食量及饲料的物理和化学性质的不同而有较大差别。鱼类对蛋白质的消化吸收能力较强,特别是对动物性蛋白质的消化率大都在 80% 以上。在植物性饲料中,采用粗蛋白质含量较高的大豆、豌豆、扁豆、花生麸等投喂鱼类,也可获得较高的消化率。

三、氨基酸

氨基酸是构成蛋白质的基本单位。饲料中所含的蛋白质都不能直接被鱼类消化吸收,必须经过酶的作用,把蛋白质分解为氨基酸,才能通过消化系统进入血液,在鱼体内重新合成自身的蛋白质。常用饲料中蛋白质分解后的氨基酸有 20 多种,其中赖氨酸、色氨酸、蛋氨酸、亮氨酸、组氨酸、异亮氨酸、缬氨酸、苯丙氨酸、精氨酸、苏氨酸10 种氨基酸是鱼类自身不能合成的必需氨基酸,它们具有不同的功能,彼此协调,促进鱼体的生长发育。若组成比例均衡、适当,则饲料蛋白质转化为鱼体蛋白质的数量大,增重效果好。因此,鱼用饲料除了要考虑蛋白质的含量外,还应十分注重必需氨基酸的平衡。

罗非鱼对蛋白质的需求实质上是对氨基酸尤其是必需氨基酸的需求,而赖氨酸和蛋氨酸是罗非鱼饲料的主要限制性氨基酸。国外学者研究认为用同位素^{14}C 示踪明确尼罗罗非鱼的必需氨基酸为 10 种,与其他已查明的鱼类相同。有国内学者研究发现,当饲料中蛋白质的氨基酸组成比例与尼罗罗非鱼鱼肉蛋白质的氨基酸组成比例较为一致时,罗非鱼可获得最佳的增重效果。据研究报道,尼罗罗非鱼日粮蛋白质含量对其卵母细胞、血清和肌肉中氨基酸的影响,发现肌肉和卵母细胞总必需氨基酸模式与日粮蛋白质含量呈显著正相关。并且发现肌肉蛋白质和水分含量受日粮蛋白质水平影响显著。饲喂不同蛋白质含量日粮的尼罗罗非鱼的肌肉中,游离氨基酸和总氨基酸有显著性差异。可见,罗非鱼日粮中蛋白质和氨基酸含量会直接影响到机体组织中氨基酸的成分,对机体起着极其重要的作用。罗非鱼的必需氨基酸的需求量见表 4 - 3。

表 4 - 3 罗非鱼的必需氨基酸需求量

氨基酸种类	氨基酸百分比(%)
精氨酸	1.2
组氨酸	1.0
异亮氨酸	1.0
亮氨酸	1.9

氨基酸种类	氨基酸百分比(%)
赖氨酸	1.6
蛋氨酸 + 半胱氨酸	0.9
苯丙氨酸 + 酪氨酸	1.6
苏氨酸	0.7
色氨酸	0.2
缬氨酸	0.8

注:资料来源:NRC(2011)。

四、脂肪

脂肪在鱼体内的基本生理作用是:经生物氧化后可提供约2倍于蛋白质、碳水化合物的能量,是一种高效能源物质;是脂溶性维生素的载体,能促进脂溶性维生素的吸收,提供细胞膜结构物质;提供机体不能合成的一些长链多烯不饱和脂肪酸,即必需脂肪酸。鱼类对脂肪有较高的消化率,尤其对低熔点脂肪,其消化率一般在90%以上。实际生产中,常常忽视脂肪的使用。在饲料中添加脂肪,还可以起到降低粉尘的作用。另外,据研究,在鱼用饲料中添加适量脂肪,可以提高饲料的可消化能量,减少蛋白质饲料用量。投喂含有脂肪的饲料,尤其在越冬前投喂脂肪含量较高的饲料,可以减少越冬低温期鱼类死亡。但在饲料中过量添加脂肪,会使鱼体内脂肪大量积累,出现肥胖病态而使其商品档次下降,影响食用价值,甚至会引起鱼体水肿及肝脏脂肪浸润等疾病。一般鱼用饲料的粗脂肪含量应控制在4% ~10%。罗非鱼养殖时饲料中脂肪的适宜含量为6.2% ~10%。另外,添加脂肪时,还需要注意的一点是:长链多烯不饱和脂肪酸易氧化,产生有毒物质,所以要注意使用抗氧化剂。

五、碳水化合物

它包括无氮浸出物和粗纤维,前者指通常所言的淀粉、蔗糖、葡萄糖等。碳水化合物从整体上讲,鱼类不能有效地利用,而且利用率的高低又随鱼的种类和食性不同而有显著差异。因为生物体内营养物质的消化代谢、吸收利用过程都是酶类参与的结果，与蛋白质、脂肪一样，无氮浸出物也不例外。草食性鱼类淀粉酶活性高，并且分布于整个肠道；而肉食性鱼类淀粉酶活性低，仅在胰液中可见，且吸收的葡萄糖又很难被分解利用，所以草食性鱼类利用无氮浸出物的能力要比肉食性鱼类强得多。淀粉可很好地被罗非鱼吸收，成为鱼体能量的来源。因此，在饲料中适量搭配碳水化合物，也有节约蛋白质饲料的作用。鱼类对碳水化合物的利用率较低，有学者报道尼罗罗非鱼饲料中碳水化合物适宜含量为 30% ~ 40%。如果在鱼用饲料中搭配的碳水化合物过多，会降低鱼类对饲料中蛋白质的消化率，影响食欲，阻碍生长。同时，由于过量的碳水化合物转变为脂肪积蓄体内，就会影响肝脏的新陈代谢功能，形成脂肪肝（又称高糖肝）。因此，鱼用饲料的碳水化合物含量应控制在 20%（冷水性鱼类）~30%（温水性鱼类）为宜。

　　一般鱼类不含有分解纤维素的酶类，不能消化纤维素，只能通过消化道中的微生物，如细菌、放线菌和原生动物产生纤维素酶及纤维素二酶催化纤维完全水解成葡萄糖。但是，纤维素作为不消化物质在营养上却有重要的作用，纤维素可以起到填充作用，增加饲料中其他营养物质与消化道的接触面，刺激消化酶的分泌，并起着稀释饲料中高含量的营养物质的作用，促进消化，促进肠道蠕动，利于粪便排出，提高食欲，以利更好地消化吸收。所以饲料中含有适量的粗纤维可能有助于对蛋白质、脂肪和糖的消化吸收。一般渔用配合饲料中粗纤维的含量以 15% ~ 20% 为宜。但是如果饲料中纤维素含量过高反而会抑制生长，廖朝兴（1985）等就饲料纤维素含量对罗非鱼生长及饲料利用的影响试验结果表明，用不含纤维素或含有 30% 纤维素的饲料投喂罗非鱼，经 4 ~ 5 天，罗非鱼的摄食明显下降，而用含 5% 、10% 和 20% 纤维素的饲料投喂罗非鱼，则能一直保持正常的摄食。罗非鱼虽然对纤维素的利用能力很低，但纤维素能刺激消化道蠕动和消化酶分泌，也有利于罗非鱼对营养的消化吸收。

六、维生素

维生素是动物营养上所必需的一类生物活性物质,是维持动物健康、促进动物生长发育必需的一类低分子有机化合物,在参与调节机体的新陈代谢,提高机体对疾病的抵抗能力有重要作用。依维生素的物理性质,可分为水溶性维生素和脂溶性维生素两大类。前者包括维生素 B_1、维生素 B_2、维生素 B_6、维生素 B_{12}、泛酸钙、肌醇、生物素、叶酸、胆碱、对氨基苯甲酸、维生素 C、烟酸等;后者有维生素A、维生素 D、维生素 E、维生素 K 等。但维生素本身不产生热量,不构成机体组织,也不能从水生动物体内合成,必须从饲料中摄取,虽然需要量很少,但绝不可缺少。维生素作为一种活性物质,除了胆碱和肌醇是代谢产物的前体,维生素 C 是还原剂外,绝大多数维生素是通过辅酶或辅基参与体内的酶反应的,少数还具有特殊的生理功能。鱼类在需要维生素上与陆生动物相比,有以下几点不同:①鱼类肠道微生物种类和数量少,因而由肠道微生物合成并提供给机体的维生素的数量相对较少,特别是维生素 C,必须由饲料中供给。②鱼类将 β - 胡萝卜素转化为维生素 A 的能力较差。③鱼类可有效地从水中吸收钙,因而对维生素 D 不足的敏感性较弱。④鱼类饲料高蛋白、低能量的特点,决定了鱼类对与氨基酸代谢有关的 B 族维生素要求较高。⑤在粗养或半集约化养殖体系中,由于天然饲料和青饲料富含维生素,因而在商品饲料中可以不必添加维生素。但在集约化高密度放养体系中,如高密度池塘、网箱、流水养殖条件下,天然食物受到限制,所以为了鱼的正常生长,必须在饲料中添加维生素。除少数几种维生素鱼体本身或消化道微生物可以合成外,大部分依赖于日粮摄食的供给。饲料中维生素足量供给是营养物质得以充分利用的根本保证。研究者在制定维生素需要量时有三个依据:一是满足治疗缺乏症的需要;二是保证最大生长;三是维持机体最佳健康水平。罗非鱼养殖中维生素的具体需要量见表 4 - 4。

如果缺乏某种维生素,体内某些酶活性失调,将会导致代谢紊乱,影响某些器官的正常功能,致使鱼生长缓慢,对疾病抵抗力下降,甚至死亡。至少有 15 种维生素为鱼类所必需。罗非鱼养殖中维生素缺乏症见表4-5。

表4-4 罗非鱼饲料中维生素含量推荐值(毫克/千克)

名称	需要量
维生素 B_1	1
维生素 B_2	9
维生素 B_6	15
烟酸	26
泛酸	10
肌醇	400
维生素 B_{12}	-
生物素	0.06
叶酸	1
胆碱	1 000
维生素 C	20
维生素 A	1.8
维生素 D	0.009
维生素 E	60
维生素 K	-

注:资料来源:NRC(2011)。

表4-5 罗非鱼维生素缺乏症

名称	缺乏症
维生素 B_1	神经系统失调,厌食,生长迟缓,高死亡率,褐色素积累,平衡性差
维生素 B_2	厌食,生长迟缓,高死亡率,褐色素积累,鳍部溃烂,缺乏正常体色,短身及白内障
维生素 B_6	腹部神经症,厌食,痉挛,尾鳍腐烂,口部病变,生长迟缓,高死亡率
维生素 B_6	出血,口鼻部畸形,鳃浮肿及皮肤,鳍与口部溃烂等症状
维生素 B_6	腹部神经症,厌食,痉挛,尾鳍腐烂,口部病变,生长迟缓,高死亡率
烟酸	出血,口鼻部畸形,鳃浮肿及皮肤,鳍与口部溃烂等症状
泛酸	生长迟缓,溶血,呆滞,高死亡率,贫血及鳃外围薄层上皮细胞严重增生等症状

名称	缺乏症
肌醇	厌食,生长不良
维生素 B_1	未发现缺乏症
生物素	生长不良,饲料转化低,死亡率增加
叶酸	鳃部苍白,红细胞减少,生长缓慢,饲料转化率低
胆碱	肿大的脂肪肝,肾和肠有局部出血,饲料效率差
维生素 C	骨骼弯曲,鳃盖不全,皮肤出血,色素沉积,外伤愈合能力差
维生素 A	突眼症(水泡眼),眼睛出血,眼球晶状体脱落,鳃盖骨扭曲,表皮、鱼鳍和肾脏出血,腹水,组织积液
维生素 D	骨质疏松,软骨病
维生素 E	生长速度显著降低,皮肤和鳍充血,厌食,红细胞生成受阻,肌肉退化,肝脾中蜡样色素沉着,皮肤褪色
维生素 K	表皮出血,血凝性下降,贫血

七、无机盐类

无机盐类又称为矿物质,在动物体内一般含有 60 多种元素,已证实在动物体内起作用的必需无机元素有 20 多种,包括大量元素和微量元素两大类。常量元素包括:钙、镁、钾、钠、磷、硫、氯;微量元素包括铁、锌、锰、铜、碘、钴、硒等 20 多种。矿物质的营养功能是多方面的,它是鱼体组织构成的重要物质,尤其在骨骼、鳞片、牙齿等部分;矿物质同时还参与维持体内渗透压、调节 pH、神经活动以及酶类、激素的生理功能。此外,矿物质可提高鱼类对碳水化合物的利用,促进骨骼、肌肉等组织的生长,刺激食欲,加快鱼的生长等。因此,矿物质对维持鱼类正常代谢活动、促进生长方面都是必需的。

鱼类生活在水中,通过渗透和扩散等多种途径,可从水中直接吸收一部分矿物质(无机盐)。但是无机盐的主要来源仍然是从饲料中获得,故在饲料中搭配无机盐时,应考虑到水中无机盐的含量状况。钙、磷是构成鱼类骨骼组织的重要组成部分,如缺乏会影响其骨骼发育,产生类似软骨病的畸形病状。饲料如含有过多的钾、铁、锌、铜、碘,反而会延缓鱼类生长。饲料中铜、铁的含量过低时,鱼体的血细胞数量将会减少。微量元素则是鱼类体内物质代谢中各种酶、辅酶或酶催化剂的组成部分,具有节约饲料和促进生长的作用。关于罗非鱼矿物质需求量的研究不多。已知罗非鱼可以通过鳃从水中吸收钙和其他矿物元素,磷则通过肠道吸收。罗非鱼饲料中所需矿物质的量如表4-6。

表4-6　罗非鱼对部分矿物质的需求量(毫克/千克)

名称	需要量
钙	7 000
氯	1 500
钠	1 500
镁	600
钾	2 000 ~ 3 000
磷	4 000
锌	20
锰	7
铜	5
铁	85
铬	2
钴	0.3 ~ 3

　　罗非鱼配合饲料配制过程中,应根据不同生长阶段鱼体对营养素的需求和对饲料蛋白原料的消化利用率,建议罗非鱼配合饲料的蛋白质水平在25% ~ 40%,注重饲料中氨基酸平衡性和消化吸收率;饲料中脂肪含量在4% ~ 10%对鱼体生长有促进作用,过高脂肪含量会造成鱼体脂肪肝,而油脂氧化酸败对鱼体内脏尤其肝脏有直

第四章

接损伤作用。罗非鱼对碳水化合物利用率有限,过量摄入会引发糖原性脂肪肝,需适量添加。维生素对罗非鱼生长也具有非常重要的作用,维生素缺乏造成鱼体生长不良,影响鱼体健康,需要适量添加补充维生素,保证鱼体正常需要。在配合饲料中,添加无机盐时保持元素之间的平衡,元素之间的互相作用在鱼类营养上是很重要的。若缺乏某些元素,可使鱼类产生许多明显的缺乏症,因鱼类生活在水中,其所需的无机盐类除从饲料中获取外,还可以通过渗透、扩散等多种方式直接从水中吸收一部分离子。池塘中钙的溶存量常远远大于磷,因为在精养条件下,造成池塘富营养化,浮游植物大量的繁殖,对磷的消耗量非常大,池塘呈贫磷状态。所以,在鱼的配合饲料中磷元素是必不可少的。

第三节 常用饲料原料

一、饲料及水产饲料的分类

饲料是指在合理饲喂条件下能对动物提供营养物质、调控生理机能、改善动物产品品质,且不发生有毒、有害作用的物质。

根据国际饲料分类法可将饲料分为:粗饲料、青绿饲料、青贮饲料、蛋白质补充料、矿物质饲料、维生素饲料、非营养性添加剂饲料。

根据饲料来源分类:植物性饲料、动物性饲料、微生物饲料、矿物质饲料、人工合成饲料。

按营养价值分类:全价配合饲料、浓缩饲料、添加剂预混合饲料、精饲料混合料。

按形状分类:粉状饲料、颗粒饲料、膨化饲料、碎粒料、块状饲料。

水产饲料主要可分为天然饵料、人工饵料两大类。其中,水体中的天然饵料主要是指浮游生物、底栖动物以及底生藻类和有机屑三大类;人工饲料的范围很广,一般来说凡通过人工获得的饲料统称为人工饲料,如陆生的各种植物叶子、果实和鱼粉、蚕蛹、肉骨粉等,食品加工产的副产品,像各种饼粕、糟渣等,以及加工配制的配合饲料。

二、饲料原料种类

凡是能为水生动物提供营养成分的物质,都可统称为饲料。从饲料原料角度讲,可分为水陆生青饲料、能量饲料、蛋白质饲料、粗饲料、草(叶)粉饲料、维生素饲料、矿物质饲料及渔用饲料添加剂等。

(一)水陆生青饲料

水陆生青饲料常作为水生动物的主要饲料之一。常见的水生青饲料有芜萍、紫背浮萍、苦草、马来眼子菜、轮叶黑藻、水花生、水葫芦、水浮莲等。陆生青饲料主要有禾本科的宿根黑麦草、苏丹草、象草、杂交象草等和豆科植物的苜蓿、草木樨、苕子及三叶草等以及一些蔬菜、瓜果、马铃薯等。

上述种种天然饲料,由于来源广泛,产量高,是当前养殖水生动物比较合适的饲料之一。罗非鱼属于杂食偏草食性鱼类,投喂青饲料不仅可以从多方面补充营养,还能降低养殖成本。芜萍、小浮萍、紫背浮萍(图4-1)是罗非鱼苗种和成鱼阶段所喜食的饲料。水浮莲、凤眼莲、水花生等水生植物,将其切碎,或打浆后投喂或掺入配合饲料中使用,也都是罗非鱼的好饲料。

图4-1　水浮萍

水陆生青饲料虽然水分含量高、粗纤维多、蛋白质含量较少,但是矿物质和维生素的含量却相当丰富。可以通过切碎、打浆、煮熟或经微生物发酵等方法提高青饲料的利用率。

(二)能量饲料

能量饲料以谷物薯类为主,以及粮食加工业副产品。这类饲料中可以提供给鱼能量的主要营养素是淀粉,是杂食性和草食性鱼类良好的能源饲料。

1. 糠麸类

糠麸类是罗非鱼配合饲料的基础原料。南方多用米糠(图4-2),北方多用小麦麸皮(图4-3)。可单独用来喂鱼,但饲料效率低。它们是磨粉厂和碾米厂的副产品。糠麸类饲料由于粗纤维含量低于18%,粗蛋白质含量低于20%,属能量饲料。糠麸类饲料的优点:①蛋白质含量15%,比谷实类饲料(平均蛋白质含量10%)高5%。②B族维生素含量丰富,尤其含维生素 B_1、烟酸、胆碱和吡哆醇较多,维生素 E 含量也较多。③物理结构疏松,含有适量的粗纤维和硫酸盐类,有轻泻作用,是奶牛、繁殖畜及马属动物的常用饲料。④可作为载体、稀释剂和吸附剂。⑤可作为发酵饲料的原料。糠麸类饲料的缺点:①含可利用能量低,代谢能水平为谷实类饲料的一半,但价格却比谷实类饲料的一半还高很多。②含钙量少。③含磷量很高,但猪和禽对它的吸收利用很差。④有吸水性,容易发霉、变质,尤其大米糠含脂肪多,更易酸败,难以储存。⑤因有轻泻性,不易多喂。

图4-2 米糠

图4－3　麸皮

（1）米糠　米糠是糙米精制成白米后的副产品。它由果皮、种皮、外胚层、糊粉层和胚组成，也是我国水生动物养殖的常用饲料之一。米糠是糠麸类饲料中能值较高的饲料，虽然粗灰分略高，但粗纤维、无氮浸出物甚低，主要原因是粗脂肪比同类饲料高得多，不过粗脂肪含不饱和脂肪酸高，不易储存，易氧化而酸败。目前用于饲料业的米糠主要有全脂米糠和脱脂米糠。而全脂米糠是罗非鱼配合饲料的重要原料，可提供鱼类之必需脂肪酸，且脂肪利用率高，特别是含丰富的肌醇，在罗非鱼养殖中的使用量可添加至30%，不过一定要使用新鲜米糠。

（2）麸皮　麸皮是小麦磨粉工业的副产品。它是由种皮、糊粉层和一部分胚以及少量的面粉组成，是我国目前水生动物养殖中常用的饲料之一。麸皮是水生动物适口性较强的饲料，罗非鱼对麸皮的利用率较高约为80%，比米糠的饲用效果好。罗非鱼饲料中麸皮的推荐用量应低于10%。麸皮作为罗非鱼最常用的原料之一，掺假现象也比较严重，常掺有滑石粉和稻谷糠等。这种情况的鉴定，可用手插入麸皮中再抽出，如手上粘有白色粉末且不易抖下，证明掺有滑石粉，容易抖落的为残余面粉。再用手抓一把麸皮使劲捏，如果麸皮成团则为纯正麸皮，如握时手有涨的感觉，则掺有稻谷糠，如搓在手心有较滑的感觉，则掺有滑石粉。

2. 谷实类

谷实类是能量饲料中能值较高的一类,常用渔用饲料种类有玉米、高粱、大麦、小麦、燕麦、稻谷、粟谷等。无氮浸出物含量高,主要是淀粉,淀粉是这类饲料中最有饲用价值的部分;粗纤维含量低,谷实类饲料的消化利用率高;蛋白质含量低且品质差,蛋白质平均含量在10%左右,难以满足鱼类的蛋白质要求;蛋白质品质差,氨基酸不平衡,缺乏必需氨基酸,特别是缺乏赖氨酸、苏氨酸、色氨酸。矿物质含量不平衡,钙很少,含磷高,但利用率低,且干扰其他矿物元素的利用;维生素含量不平衡,一般含维生素 B_1、烟酸、维生素 E 较丰富,但缺乏维生素 A、维生素 D、维生素 B_2 和维生素 B_{12} 等。由于谷实类的主要成分是淀粉类,不宜多喂。另外谷类饲料最好以麦芽、谷芽的形式投喂为好。这里所指麦芽、谷芽是指麦、谷刚见水萌动发芽而未出苗者,即可作为饲料,是极好的生物活性物质如维生素、激素类的补充物。

3. 淀粉质块根块茎类

根据我国目前所采用的分类方法,将这类饲料划入能量饲料的一类。主要包括甘薯、木薯、马铃薯等,块根、块茎类除作为食品、轻工业、淀粉和食品工业原料外,也是一种非常好的渔用饲料。自然状态下,水分含量高,一般为70%~90%。干物质的组成与谷实类相似,富含淀粉和糖,含粗纤维少,且不含木质素,故能量含量高;干物质中粗蛋白质含量少,为3%~9%,且氨化物占一半,生喂蛋白质消化率低;无氮浸出物含量丰富,在80%以上,以淀粉和糖为主,容易消化,与生熟无多大关系;矿物质含量极不均衡,钙、磷含量较少,富含钾;维生素含量极少。此类饲料原料营养价值不高,仅作为能量饲料使用。

(三) 蛋白质饲料

这类饲料不仅富含蛋白质,而且10种必需氨基酸均较谷实类为多,且蛋白质品质优良;而无氮浸出物含量低,占干物质中的27.9%~62.8%,粗纤维含量较低,维生素含量与谷实类相似,所不同的是有些豆类籽实中含脂肪比谷实类要多得多,达15%~24.7%。由于蛋白质和碳水化合物的消化能量差别不大,故这类饲料能量价值略高于能量饲料。总之,蛋白质饲料营养丰富,易于消化,能值较大,但有些物质影响其适口性和消化率。下面介绍两种蛋白质饲料:植物性蛋白质饲料和动物性蛋白质饲料。

1.动物性蛋白质饲料

动物性蛋白质饲料都是动物的直接或间接产品,如鱼粉、肉粉、肉骨粉、血粉、羽毛粉、乳粉、蚕蛹、蝇蛆等。动物性蛋白质饲料有五大特点:①蛋白质含量高。除乳制品和肉骨粉的蛋白质含量为27.8% ~30.1%外,其他都在58.6% ~ 84.7%,而且品质特别好。富含10种必需氨基酸,特别是植物性蛋白质饲料所缺乏的氨基酸,如蛋氨酸和色氨酸都较多。②含无氮浸出物特别少(乳制品除外),粗纤维几乎等于零,有些粗脂肪含量高,加之蛋白质含量又高,所以它的能量价值高。③灰分含量高。如血、肝、乳品中灰分4.9% ~6.8%,鱼粉中钙含量达5.44%,磷为3.44%,而且比例良好。这类饲料具有补充其他植物性饲料中钙、磷不足的优点。④是动物性饲料中维生素 A 和维生素 D 的重要来源。这类饲料的 B 族维生素含量十分丰富,特别是维生素 B_2 和维生素 B_{12} 的含量相当高,除血粉外,一般含维生素 B_2 为 6 ~50 毫克/千克,维生素 B_{12} 为 44 ~540 微克/千克干物质,可以补充其他饲料中维生素的不足。⑤具有一种特殊的营养作用,即含有一种未知的生长因子。它能促进水生动物的营养物质利用率的提高,能抵消矿物质的毒性,不同程度地促进水生动物的生长和发育。

常应用于罗非鱼养殖的动物性蛋白质饲料主要为鱼粉、肉粉、肉骨粉、血粉、羽毛粉、乳粉、蚕蛹、蝇蛆等。

(1)鱼粉　鱼粉(图4-4)主要以低值鱼类为原料,经蒸煮、压榨、烘干和粉碎等工序制成的饲料用原料。鱼粉所含蛋白质的氨基酸品质好,维生素和矿物质的种类齐全,营养价值较

图4-4　鱼粉

高,易消化,优质进口鱼粉蛋白质含量在 60% 以上,有的高达 70%;国产优质鱼粉蛋白质含量达 55% 以上。消化率达 80% 以上,有较好的适口性,特别作为水生动物的蛋白质饲料,效果显著。鱼粉含有较高的脂肪,进口鱼粉含脂肪约占 10%;国产鱼粉标准为 10%～14%,但有的高达 15%～20%。同时,含钙、磷高:鱼粉含钙 3.8%～7%、磷2.76%～3.5%,钙、磷比为(1.4～2):1。鱼粉质量越好,含磷量越高,磷的利用率为 100%。一般来说,蛋白质含量越高,水分和脂肪含量越低的鱼粉,其营养价值也就越高。在鱼粉的储藏和保管中,应注意防止发霉变质、防光照、防高温,防杂质过多或盐分太高造成水生动物中毒。

市场上鱼粉掺假现象时有发生,选择时要注意把握质量。养殖户在购入原料时如不懂辨别,往往上当受骗,造成很大的经济损失。例如鱼粉常掺有棉籽饼、菜籽饼、尿素、沙粒等杂物。可通过以下几种简便方法鉴别鱼粉是否掺假:

1)感官检验 优质鱼粉颜色一致,呈红棕色、黄棕色或黄褐色等,有咸腥味;颗粒大小一致,可见到大量疏松的鱼肌纤维及少量鱼刺、鱼鳞等,颜色呈浅黄、黄棕或黄褐色,用手捏有疏松感,不结块,不发黏,有鱼腥味。掺假鱼粉为黄白色或红黄色,有异味,如淡腥味或油脂味等。掺有棉籽粕和菜籽粕的鱼粉,有棉籽粕和菜籽粕味,掺有尿素的鱼粉,略具氨味。手捏有沙粒感,手感较粗硬,质地较粗糙。

2)气味鉴别 取适量鱼粉用火燃烧,纯正的鱼粉发出像烧毛发一样的气味,如果发出像炒谷物的芳香味或焦煳味,说明掺有植物籽实等物质。取 10 克鱼粉样品,置于 150 毫升锥形瓶中,加入 50 毫升蒸馏水,加塞用力振荡 2～3 分,静置,过滤。取滤液 5 毫升于 20 毫升的试管中,将试管放于酒精灯上加热灼烧,当溶液烧干时,如能闻到刺鼻的氨味,说明掺有尿素。

3)水浸法鉴别 取 3 克鱼粉样品放入 100 毫升玻璃杯中,加入5 倍的水,充分搅拌后,静置 10～15 分,观察水面漂浮物和水底沉淀物。如果水面有羽毛碎片或植物性物质(如稻糠、花生壳、麦麸等),水底有沙石等物质,说明鱼粉中掺有该类物质。

鱼粉虽是罗非鱼最好的饲料蛋白源,但为控制成本,鱼粉在罗非鱼养殖中使用的比例不宜太高,一般鱼种阶段在5%～15%,成鱼阶段可以少用或不用。而且动物性蛋白质饲料的脂肪含量不能超过9%,如鱼粉含脂肪在9%以上时就被认为不良。因为脂肪含量高,易酸败,不利储存,且会降低适口性,同时会导致维生素A、维生素E等营养物质的氧化损失,故应进行脱脂等处理。

（2）肉粉　肉粉（图4-5）是由废弃肉、胚胎、纤维蛋白和少量骨头（不超过10%）加工制成的混合物,呈黄色或深棕色,可作为蛋白质补充饲料。肉粉富含粗蛋白质,为50%～85%,粗脂肪含量在12%以下。粗灰分主要因骨头的加入多少而异,粗灰分由1.5%～12%不等,灰分中钙、磷较多,基本不含维生素A和维生素D,但B

图4-5　肉粉

族维生素丰富。蛋白质消化率高（达82%）,生物学价值也较高,富含10种必需氨基酸。与鱼粉相比,蛋氨酸含量低;与油饼类相比,色氨酸含量略低。但适口性强于鱼粉,能量价值也高于鱼粉。

（3）肉骨粉　肉骨粉由不适合于食用的畜禽躯体、胚胎内脏、肉渣、骨头等制成,也可由非传染病死亡的畜禽胴体制成。它的色泽因骨粉占一定比例而呈棕灰色,肉骨粉含有较为丰富的蛋白质和无机盐等,一般含粗蛋白质约50%,但蛋白质的氨基酸组成不及鱼粉;含粗脂肪为9%～18%,水分在10%左右,钙、磷和B族维生素含量较多,基本不含维生素A和维生素D。蛋白质消化率为60%～80%,营养价值低于肉粉,蛋白质的生物学价值与肉粉相似。罗非鱼对肉骨粉的消化率大致在80%以上,鱼种和成鱼阶段可用肉骨粉替代部分其他高价值的蛋白质饲料,但需要补充蛋氨酸。

（4）血粉　血粉（图4-6）是用畜禽的血液加工干燥制成的产品。优质血粉呈暗棕色,粒度均匀,可通过1毫米筛孔。血粉是畜禽血液经凝固、低温喷雾干燥或高温加热干燥制成的粉末,两种加工方

第四章

法以低温干燥的产品较好,具有特别高的蛋白质含量,粗蛋白质 73% ~ 83%,氨基酸的品质也比较好,是一种上等的动物性蛋白质饲料。但缺点是不易溶于水,不易消化,饲用价值低;容易变质,适口性较差。对血粉进行发酵,可提高其适口性和生物利用率,但不宜在饲料中大量使用,储存时要保持室内干燥通风。

图 4 - 6　血粉

(5)羽毛粉　羽毛粉是家禽羽毛在一定温度下高压水解后的产品。羽毛粉是一种高蛋白质饲料,粗蛋白质高达 80% 以上,主要的营养物质是角蛋白和纤维蛋白。角蛋白在加工前不能被水生动物所消化吸收,而加工后可被吸收,质量差的蛋白质消化率为 70% ~ 80%,质量好的为 90%。羽毛粉的蛋白质品质不佳,而且赖氨酸、蛋氨酸、组氨酸缺乏,苏氨酸、异亮氨酸、缬氨酸等含量却很高。羽毛粉在营养价值上最大的优点是:含有维生素 B_1 和未知生长因子,对促进水生动物的生长和生产有特殊营养作用,是一种良好的蛋白质补充饲料。

(6)骨粉　骨粉是由肉食品工业下脚制成的产品。含有丰富的矿物质,其主要营养成分是磷酸氢钙,含钙 23% ~ 26%,含磷 12% ~ 14%,也含有少量蛋白质等其他营养物质,常用来作为矿物质的添加剂。掺假的骨粉常常含磷不足,未脱胶骨粉易腐败变质。骨粉常见的掺杂物有石粉、滑石粉、贝壳粉、细沙等。鉴别方法包括:

1)感官鉴别　质量好的骨粉,为灰白色至黄褐色的粉状细末,用力握时不成团块,不发滑,放下即散。如果产品呈半透明的白色,表面有光泽,搓之发滑,说明掺有滑石粉、石粉;如果产品呈白色、灰色或粉红色,有暗淡半透明光泽,搓之颗粒质地坚硬,不黏结,说明是贝壳粉或掺有贝壳粉。

2)浸泡法　骨粉在水中浸泡不溶解,有的假骨粉浸泡时间较长就会变成粉状,静置后沉淀。另外,蒸骨粉和生骨粉的细粉可漂浮于清水表面,搅拌也不下沉;而脱胶骨粉的漂浮物很少。

3)稀盐酸溶解法 取试样1克置于小烧杯中,加5毫升25%的盐酸溶液,纯骨粉可发出短时的"沙沙"声,骨粉颗粒表面不断产生气泡,最后全部溶解。如果有大量气泡迅速产生,并发出"吱吱"的响声,表明有石粉、贝壳粉存在。若烧杯底部有一定量的不溶物,说明可能掺有细沙。

4)火烧法 纯正骨粉焚烧时,先产生一定量的蒸气,然后产生刺鼻的、类似毛发烧焦的气味;而掺假骨粉所产生的蒸气和气味相对较少,未脱脂的变质骨粉有异臭味;而假骨粉则无蒸气和气味产生。

(7)乳粉 乳粉粗蛋白质含量高,约35%,氨基酸平衡性极好,容易被鱼类吸收,是仔鱼、稚鱼极好的开口。但是乳粉中糖含量高达50%,且价格昂贵,幼鱼使用比例在5%左右。

(8)蚕蛹 蚕蛹(图4-7)是缫丝工业的副产品,是一种优质的蛋白质饲料。新鲜的蚕蛹可以直接用来喂鱼,营养价值高,但因含大量不饱和脂肪酸,极易腐败,不易存放。新鲜蚕蛹经过烘干、脱脂等,可获得优等的水生动物饲料,具有与鱼粉相

图4-7 蚕蛹

似的营养价值。蚕蛹中脂肪含量很高,如果不经过脱脂或脱脂不净,则很容易引起变质。蚕蛹是我国传统的养鱼用蛋白质饲料。蚕蛹粉的蛋白质含量高,在50%以上,且鱼类对其蛋白质消化率可达80%;由于蛹皮的影响,其粗纤维在干物质中含量为4.6%。利用蚕蛹来养鱼,其缺点是:会使鱼肉具有一种特殊的气味,大大地降低了食用价值。因此,蚕蛹在饲料中的比例不能过高,一般在30%以下为安全指标,超过这个指标,就会使鱼肉带有异味。

(9)蝇蛆 蝇蛆(图4-8)是水生动物的优质动物性饲料,约含粗蛋白质55%、粗脂肪28%、碳水化合物7%、粗灰分10%,是动物食性的鱼类的优质饲料。

2.植物性蛋白质饲料

植物性蛋白质饲料又称植物蛋白质补足饲料。植物性蛋白质补充料与动物性蛋白质补充料相比,其来源广,价格便宜。最为常见的是油类饼粕,其次是淀粉生产的副产品,第三类是酿酒业副产品,第四类是豆科籽实。植物性蛋白质补充料的共

图4-8 蝇蛆

同缺点是赖氨酸、蛋氨酸含量低,饼粕类不同程度地含有有毒物质。

(1)油类饼粕 油类饼粕是油料籽实提取大部分油脂后的副产品,是鱼类的好饲料。北方多用大豆饼粕、胡麻饼、向日葵饼;南方则多用菜籽饼、棉籽饼,油饼类饲料除具有植物性蛋白质饲料所有的营养特点以外,其突出的营养优点有3个:①籽实压榨油后的饼(粕)中粗蛋白质含量相对地提高,占35%~44%;脂肪含量,压榨饼类为4%~8%,浸提法为1%~3%。因此,油饼类的营养价值较高,亦具有豆科籽实的消化能值较高的优点。②油饼类饲料粗纤维含量为5.1%~11.1%,是较低的,因此油饼类的消化率较高。③蛋白质的品质良好优于禾本科籽实,因为这种饲料中含有丰富的必需氨基酸,特别是赖氨酸、苏氨酸、苯丙氨酸、组氨酸、精氨酸含量均较多。但是,这类饲料也具有与其籽实相似的缺点:①油饼类的蛋氨酸含量低,磷多钙少,胡萝卜素缺乏等。②含有一些与其籽实相同的有害物质,这些有害物质也影响其适口性和消化率。③在加热过度的情况下,蛋白质会发生变性,也就是氨基酸结构发生变化,致使其生物学价值改变,因此,使蛋白质消化率下降。

1)豆粕 豆饼是大豆压榨提油后的副产品,溶剂浸提法加工副产品则为豆粕。豆粕是目前仅次于鱼粉的优质蛋白质,豆粕中粗蛋白质含量为40%~44%,同时必需氨基酸组成较为理想,赖氨酸、色氨酸和苏氨酸含量高于其他饼粕类,且其钙磷含量、维生素与微量元素含量丰富。豆粕在所有植物性饼粕中是最佳植物性蛋白源,在用于水产动物饲料时,作为植物性蛋白源同鱼粉配合,既能发挥最佳营

养效果,提高饲料利用率,又能降低成本。可作为罗非鱼饲料的主要蛋白源,罗非鱼对豆粕的利用率高达90%。

至于豆粕的有害物质,系来自大豆籽实所含的胰蛋白酶抑制因子、脲酶、抗血凝集素,其中胰蛋白酶抑制因子是主要的有害物质。这种非营养物质受热后,失去活化性,减少有害作用,可提高饲料消化率。

大豆饼粕常见的掺杂物有碎玉米、玉米胚芽饼、泥沙、石粉等。鉴别方法:①水浸,取试样25克放入盛有250毫升水的玻璃杯中,浸泡2~3分,用木棒轻轻搅动,若出现分层(上层为大豆饼粕,下层为泥沙),则说明有掺杂物存在。也可取30~50克试样,放入玻璃杯中,加入100毫升水浸泡,待样品吸水后用木棒搅拌,如呈粥状,说明掺有玉米胚芽饼,而纯大豆饼粕则稍静置即分离出水分,不呈粥状。②碘酒鉴别。取少许试样,放在干净的白瓷盘中,铺薄铺平,在上面滴几滴碘酒,1分后若其中部分物质变成蓝黑色,则说明可能掺有玉米、小麦麸或稻糠等。③生熟大豆饼粕检验。将试样研细,称取0.02克放入试管中,加入0.02克结晶尿素及2滴酚红指示剂,加20~30毫升蒸馏水,摇动10秒,观察溶液颜色变化,并记下呈粉红色的时间,通常10分以上不显粉红色或红色的为大豆饼粕,其尿素酶活性即认为合格。

2)棉籽饼(粕)　是棉籽(仁)榨油后的副产品,是一种良好的蛋白质补充饲料。棉籽带壳压榨提油后的副产品叫棉籽饼,浸提后的副产品叫棉籽粕。棉籽饼(粕)一般粗蛋白质为30%~35%,粗纤维为11%~15%,能量价值略低于豆饼,粗蛋白质含量也低于豆饼,为谷类籽实的3倍左右。含维生素B_1丰富,而维生素A、维生素D缺乏,有磷多钙少的缺点。棉籽饼(粕)含有一种叫棉酚的毒素。这种毒素是以游离态和结合态存在的,且游离态棉酚毒性较强,易刺激鱼类消化道,损害其肝脏、肾脏等器官,干扰生殖功能。长期饲喂棉籽饼(粕)会对水生动物造成危害:会导致鱼体生长缓慢,繁殖力下降,组织病变甚至死亡。去毒的方法主要有物理法(高温)、化学法(硫酸亚铁、碱性处理)和微生物发酵法等,提高饲料利用率。罗非鱼对脱毒处理后的棉籽饼(粕)的利用率约为85%,饲料配方中,棉饼成分用量达到50%时,将会对罗非鱼繁殖有影响。所以在罗非鱼饲料中脱毒棉籽饼(粕)添加比例不宜超过35%。

3)菜籽粕 是菜籽榨油后的副产品,我国大部分养殖水生动物的地区,把菜籽粕作为主要蛋白质饲料的主要来源。菜籽粕粗蛋白质含量为32%~38%,略低于大豆饼和花生粕,消化能较高。其氨基酸的组成接近于豆饼,蛋氨酸含量约为0.7%,赖氨酸含量为2%~2.5%。菜粕粗纤维含量为10%~12%,能量利用水平低。此外,它还含有较多的钙、磷及重要的微量元素硒,B族维生素尤其是维生素B_2比豆饼含量还要高。菜粕最大优点是价格低廉,来源方便,配制罗非鱼饲料有独特的优点。罗非鱼对菜籽粕的利用率为85%,在罗非鱼饲料中的添加比例不宜超过50%。

菜籽粕主要掺杂一些低廉且较重的原料,如泥土、沙石等。鉴别方法有两种:①感官检查。正常的菜籽粕为黄色或浅褐色,具有浓厚的油香味,这种油香味较特殊,其他原料不具备,同时菜籽粕有一定的油光性,手抓时有疏松感觉。而掺假菜籽粕油香味淡,颜色也暗淡,无油光性,手抓时感觉较沉。②盐酸检查。正常的菜籽粕加入适量的10%盐酸,没有气泡产生,而掺假的菜籽粕有大量气泡产生。

4)花生粕 花生榨油后的副产品,带甜香味,是水生动物适口性较强的优质植物性蛋白质饲料,粗蛋白质含量达48%,精氨酸含量高达5.2%。在油饼类饲料中,其蛋白质含量仅次于豆饼,但其能量价值却高于豆饼花生粕作为水生动物饲料时,最好事前经过热处理,一般在120℃左右时其胰蛋白酶抑制因子得到钝化,如果温度再升高的话,易造成氨基酸破坏,同时,其蛋白质的生物学价值也降低。花生粕易染黄曲霉,致使它带有黄曲霉毒素。这些毒素容易使动物的肝脏受到损害,对动物的生长也造成不良影响。所以,在罗非鱼的配合饲料中一般控制在10%左右。

5)玉米胚芽饼 玉米胚榨油后的副产品。玉米胚芽饼的粗蛋白质含量达24.5%,粗脂肪含量约8.5%,无氮浸出物含量达53.3%,因此,它是消化率高、营养丰富、能量价值好的饲料。但是,它的生物学价值却低于豆类籽实加工的副产品。玉米胚芽饼容易消化,适口性良好,没有油饼类的毒性问题。

（2）淀粉和食品工业的部分副产品糟渣类和谷食类饲料　玉米蛋白粉也叫玉米麸质粉,玉米蛋白质粉蛋白含量高,一般含蛋白质60%以上,有的高达70%,其余是20%的淀粉和约13%纤维素、维生素 A 等多种营养物质。在豆粕、鱼粉短缺的饲料市场中可用来替代豆粕、鱼粉等蛋白质饲料。在罗非鱼饲料的使用比例不超过10%。

（3）糟渣类　糟渣类饲料是酿造、制糖、制药、食品工业的副产品,也可作为罗非鱼的饲料。其有六大特点:①含水量大,为70% ~ 90%。②干物质中粗纤维含量高,为10% ~18%,比其原料(新鲜)的粗纤维高出数倍。③能量较低,干物质的总能量略低于原料的总能。④粗蛋白质较其原料高,为20% ~30%。⑤容量大,质地轻松,对水生动物消化道有填充作用,可促进其蠕动和消化。⑥产量多,分布广,资源丰富,但不易储存,易发酵、发霉或腐烂。常见的糟渣类饲料包括以下几种:

1)酒糟　酒糟有4个营养特点:①粗纤维含量高。②粗蛋白质含量较高,可以作为蛋白质的补充饲料。③水溶性 B 族维生素含量在酒糟中相当高(仅次于糠麸、油饼等)。④其汁液中含有特殊营养作用的未知生长因子。但由于酿酒时常常掺有各种比例的谷壳作为疏松通气物质,从而影响了其营养价值。

2)啤酒糟　酿造啤酒时可得到大量的大麦芽、啤酒糟和酵母。啤酒糟干物质中含粗蛋白质 25.13%,粗脂肪 7.13%,粗纤维13.81%,无氮浸出物低,其营养价值与麦麸相似,可代替部分蛋白质饲料。在罗非鱼饲料中的使用比例可达5%。

3)豆腐渣　豆腐渣是大豆加工成豆腐的副产品。豆腐渣气味清香,咀嚼轻松爽口,是水生动物的适口饲料。它除具有糟渣饲料的共同营养特点外,最突出的一点,就是粗蛋白质含量高,达30.7%,成为较优质的蛋白质补充饲料,营养价值高,与精料相似。其缺点是在水磨加工过程中 B 族维生素损失较多,且不易久存,易酸败变质。但生豆渣中含有抗胰蛋白酶及一些有害物质,使用时需要加热处理。

4)粉渣　粉渣是淀粉工业的副产品,其最大特点是含粗蛋白质高,达33.7%。因此,可以作为蛋白质的补充饲料。以玉米、马铃薯、甘薯、木薯为原料的粉渣,其干物质粗蛋白质含量稍低,但无氮浸出物高,粗纤维含量低。

5)甜菜渣 甜菜渣是制糖工业的副产品,干物质中粗纤维含量较高,粗蛋白质较低,含有大量游离的有机酸,其粗纤维较易消化。

(4)豆类籽实 豆类籽实主要作为食用,但有时(或少量)作为水生动物的饲料,分两种类型,一类是高脂肪、高蛋白类型,如黄豆(图4-9)、黑豆、花生等,另一类是高碳水化合物、高蛋白质型,如豌豆、蚕豆等。豆类的营养特点是蛋白质品质最优,10种必需氨基酸中

图4-9 大豆

赖氨酸含量比较高。大豆、蚕豆、豌豆等含粗蛋白质分别为38.0%、29.2%和26.5%;赖氨酸含量分别为2.4%、1.8%和1.76%。同时,可消化蛋白质高于谷实类3~4倍。除此,含脂量亦高,如大豆含脂肪达19.2%。

大豆富含蛋白质和脂肪,是豆类饲料中这两者含量最高的一种,而且营养物质丰富,易消化,蛋白质的生物学价值优于其他植物性蛋白质,赖氨酸高达2.4%~2.6%,但含硫氨基酸相对缺乏,尤其是蛋氨酸。大豆含粗纤维少,加之含油脂多,因此,消化能量价值高于玉米。钙、磷含量少,胡萝卜素和维生素D、维生素B_1、维生素B_2含量都不多,但比谷实类含这些物质多。

蚕豆(图4-10)是以蛋白质和淀粉为主要成分的豆科籽实,其含脂肪率远低于大豆,但无氮浸出物含量却高于大豆,粗蛋白质含量为29.2%,总的营养价值和大豆相似。

豌豆(图4-11)也是以蛋白质、淀粉为主要成分的豆科饲料。无氮浸出物含量在同类饲料中最高,粗蛋白质含量为26.5%,营养价值与蚕豆基本相同,与大豆相似。

豆科籽实中含赖氨酸较多,而蛋氨酸含量低,此仍然是限制其利用的一个因素。

图 4 - 10　蚕豆

图 4 - 11　豌豆

(四)草、叶粉饲料

草、叶粉是优质牧草和青绿叶经干燥、粉碎而制成的一种补充饲料。草、叶粉类的营养特点:①干物质中粗蛋白质含量较高,一般为15% ~20%;无氮浸出物含量更高,可达40% ~50%。②草、叶粉有的有机物质消化率高于粗饲料,蛋白质消化率可达79%左右,比秸秆高1 ~1.5倍;无氮浸出物消化率也高,仅粗脂肪、粗纤维的消化率低于秸秆,具有能量饲料的特点。③粗纤维有填充和促进消化道适当蠕动的作用。④胡萝卜素和钙、磷含量丰富,1% ~3%,而且钙多于磷。⑤含有叶绿素、生物活性物质和重要的未知生长因子——草汁因子(苜蓿因子),这些物质的特殊作用在于它能促进已知营养素的利用,促进生长和发育。其缺点是:草、叶粉还含有一定毒性,如单宁生物碱、糖苷、皂角苷、樟脑、氰氢酸等。

(五)粗饲料

粗饲料在养殖水生动物中所占地位不大,但也是水生动物的饲料源之一。粗饲料有六大营养特点:①主要成分是粗纤维,占干物质的30% ~50%;其次是无氮浸出物,占干物质的20% ~40%。②由于含粗纤维多,所以其能量价值低。③在灰分中,硅酸盐含量高,钙多磷少,可以补足能量、蛋白质饲料中钙少磷多的缺陷。④粗饲料一般缺乏维生素,如秸秆中胡萝卜素仅为2 ~5毫克/千克。⑤蛋白质含量极少,干物质中粗蛋白质含量仅为3% ~4%。⑥消化率极低。主要的粗饲料有干草和稿秕饲料。干草是未结籽实的青草或其他青绿饲料作物,收割后经人工晒干或机械干制而成,由于它由青绿植物制作,保留着青绿颜色,故亦称青干草。稿秕饲料是指农作物在籽实成熟后,收获籽实所剩余的副产品。

(六)维生素饲料原料

市售的商品性维生素添加剂均加入了一定的辅助成分,如吸附剂、稳定剂等,因此维生素添加剂的有效活性成分含量不是100%。实际生产中,除胆碱之外,很少单独使用某一种维生素,通常情况下是以多种维生素混合制成复合维生素预混合饲料。下面就4种脂溶性维生素和10种水溶性的维生素的具体产品及规格介绍如下。

1. 维生素 A

维生素 A 又称视黄醇,是一种呈微黄色油状或结晶状的高度不饱和脂肪醇,有保护皮肤和黏膜的作用。市售的维生素 A 添加剂是维生素 A 酯化后再添加适量抗氧化剂并经过微胶囊包被的产品,主要有维生素 A 醋酸酯、维生素 A 棕榈酸酯和维生素 A 丙酸酯。常见的维生素 A 添加剂的产品规格有 30 万国际单位/克、40 万国际单位/克和50 万国际单位/克等。

2. 维生素 D

维生素 D 是一类与动物体内钙、磷代谢相关的活性物质,能促进动物消化道对钙、磷的吸收。维生素 D 有多种形式,其中以维生素 D_2 和维生素 D_3 较为重要和常用。商品维生素 D 为白色粉末,是经包被后的产品。主要有维生素 D_2 和维生素 D_3 干燥粉剂、维生素 D_3 微粒 3 种形式。饲料添加剂中多使用维生素 D_3。常见维生素 D 添加剂产品规格有 20 万国际单位/克、30 万国际单位/克、40 万国际单位/克、50 万国际单位/克等。

3. 维生素 E

维生素 E 又称生育酚,是一类有生物活性的酚类化合物,其中以 α - 生育酚效价最高和最为常用。维生素 E 能调节细胞核的代谢功能,促进性腺发育和提高生殖能力。维生素 E 具有吸收氧的能力,稳定性不高,经酯化可提高其稳定性。维生素 E 的商品形式主要有 DL - α - 生育酚乙酸酯油剂和其加入适当吸附剂之后制成的粉剂。生产中常用的是后者。常见维生素 E 添加剂中维生素 E 纯度为50%或25%,其产品规格有 30 万国际单位/克、40 万国际单位/克、50 万国际单位/克等。

4. 维生素 K

维生素 K 是一类甲萘醌衍生物。维生素 K 能促进合成凝血酶原,达到正常凝血。维生素 K 有维生素 K_1、维生素 K_2、维生素 K_3 和维生素 K_4 等,饲料添加剂中常用的是维生素 K_3 的衍生物,即维生素 K_3 与亚硫酸氢钠的结合物,即亚硫酸氢钠甲萘醌(MSB),主要有 3 种形式:亚硫酸氢钠甲萘醌(MSB)微胶囊,含有效成分 50%;亚硫酸氢钠甲萘醌复合物(MSBC),晶体粉末,有效成分为 25%;亚硫酸二甲嘧啶甲萘醌(MPB),有效成分为 50%。

5. 维生素 B_1

维生素 B_1 又称硫胺素,也称抗神经炎素。维生素 B_1 在体内可促进糖类和脂肪的代谢,维生素 B_1 主要以盐的形式存在。饲料添加剂中常用的有盐酸硫胺素和硝酸硫胺素。盐酸硫胺素或硝酸硫胺素含量为 96% ~ 98%,也有稀释为 5% 的。硝酸硫胺素虽然比盐酸硫胺素稳定性好,但水溶性差,所以实际中一般以盐酸硫胺素较为常用。

6. 维生素 B_2

维生素 B_2 即核黄素,维生素 B_2 在体内参与蛋白质、碳水化合物和核酸的代谢,是体内生化反应多种酶的组成成分。其主要商品形式为核黄素及其酯类,为黄色至橙黄色的结晶性粉末。商品维生素 B_2 添加剂中核黄素含量有 96%、80%、55% 和 50% 等多种剂型。

7. 泛酸

游离的泛酸不稳定,吸湿性极强,所以在实际生产中常用其钙盐。商品制剂为 D - 泛酸钙或 DL - 泛酸钙,其活性分别为 100% 和 50%。D - 泛酸钙的纯度一般为 98%,也有稀释至 66% 或者 50% 剂型。

8. 胆碱

胆碱是磷脂、乙酰胆碱的组成成分,也是甲基的供体,参与氨基酸和脂肪的代谢,能防止脂肪肝的产生。胆碱的商品形式主要为氯化胆碱,白色结晶,有液体和固体两种剂型。液体一般含氯化胆碱 70%,固体一般含氯化胆碱 50% 或 60%。液态氯化胆碱为无色透明液体,而固态粉粒是以70%氯化胆碱水溶液为原料加入脱脂米糠、玉米芯粉等赋形剂而制成,两者吸湿性很强,故应密封干燥保存。另外,氯化胆碱对维生素A、维生素D、维生素E及其他B族维生素有破坏作用,不宜直接加入维生素预混合饲料中。

9. 维生素 B_5

维生素 B_5 即尼克酸,有烟酸和烟酰胺两种形式,白色至微黄色结晶粉末。维生素 B_5 是辅酶Ⅰ和辅酶Ⅱ的组成成分,参与氧化还原反应。商品尼克酸添加剂活性成分含量为98.0%~99.5%。尼克酸与泛酸之间很容易发生反应,影响活性,因此二者不可直接接触。一般置于阴凉、干燥处保存。

10. 维生素 B_6

维生素 B_6 是氨基酸代谢中的辅酶,参与蛋白质、糖和脂肪的代谢。商品添加剂形式为盐酸吡哆醇,活性成分含量为82.3%。是一种白色至微黄色粉末,易溶于水,微溶于乙醇和丙酮,不溶于乙醚和氯仿。对热敏感,遇光和紫外线照射易分解,应置于避光、阴凉、干燥处保存。

11. 叶酸

叶酸外观为黄至橙黄色结晶性粉末,酸、碱、氧化剂与还原剂对叶酸均有破坏作用。叶酸产品纯品有效成分在98%以上,商品叶酸添加剂活性含量有1%、3%和4%等多种剂型。

12. 维生素 B_{12}

维生素 B_{12} 即氰钴胺素或钴胺素,深红色结晶粉末。维生素 B_{12} 参与机体蛋白质代谢,提高植物性蛋白质的利用率,也是正常血细胞生成的必需物质。主要商品形式有氰钴胺、羟钴胺等,作为饲料添加剂有0.2%、1%和2%等剂型。

13. 生物素

生物素是一种辅酶,参与蛋白质、脂肪等的代谢。添加剂商品形式为D-生物素,纯品干燥后含生物素98%以上,饲料添加剂常用的生物素H-2为含有2%的D-生物素。商品形式活性成分含量有1%和2%两种剂型。

14. 维生素 C

维生素 C 又称抗坏血酸,白色至黄白色结晶性粉末。维生素 C 参与糖、蛋白质和矿质元素的代谢过程,增强机体免疫力,提高消化酶的活性。商品维生素 C 添加剂有抗坏血酸、抗坏血酸钠、抗坏血酸钙、抗坏血酸棕榈酸酯和包被抗坏血酸等形式,有 100% 的结晶、50% 的脂质包被产品和 97.5% 的乙基纤维素包被等产品形式以及 25%、50% 等多种剂型。

(七)矿物质饲料原料

1. 食盐

钠和氯都是动物所需的重要无机物。食盐是补充钠、氯的最简单、价廉的有效物质。食盐的生理作用是刺激唾液分泌、促进其他消化酶的作用,同时可改善饲料的适口性,促进食欲,保持体内细胞的正常渗透压。饲料用食盐多属工业用盐,含氯化钠 95% 以上。因此,使用含盐量高的鱼粉、酱渣等饲料时应特别注意。另外,植物性饲料中大多缺乏钠和氯,所以在植物性饲料所占比例较大时应注意添加食盐。

2. 含钙饲料

主要包括石粉、贝壳粉、蛋壳粉。石粉为天然的碳酸钙,一般含纯钙 35% 以上,同时还含有少量的磷、镁、锰等,是补充钙的最廉价、最方便的矿物质原料。一般来说,碳酸钙颗粒越细,吸收率越好。贝壳粉是所有贝类外壳粉碎后制得的产物总称,包括牡蛎壳粉、河蚌壳粉以及蛤蜊壳粉等。其主要成分为碳酸钙,一般含碳酸钙 96.4%,折合含钙量为 36% 左右,是良好的钙源。

蛋壳粉是蛋加工厂的废弃物,包括蛋壳、蛋膜、蛋等混合物经干燥灭菌粉碎而得,优质蛋壳粉含钙可达 34% 以上,有资料报道,蛋壳粉生物利用率甚佳,是理想的钙源之一。

3. 含磷饲料

提供磷源的矿物质原料不多,仅限于磷酸、磷酸钠和钾盐等,磷酸钠又包括磷酸二氢钠和磷酸氢二钠。磷酸二氢钠含磷量在 26% 以上,含钠为 19%。磷酸二氢钠水溶性好,生物利用率高,既含磷又含钠,适用于所有饲料,特别适用于液体饲料或鱼虾饲料。

第四章

4. 钙、磷平衡饲料

钙、磷平衡饲料是指同时提供磷和钙的矿物质原料,常用的有骨粉和磷酸钙盐。常用的磷酸钙盐包括磷酸氢钙(磷酸二钙)、磷酸钙和磷酸二氢钙等。磷酸氢钙为白色或灰白色粉末。含钙量不低于23%,含磷量不低于18%。铅含量不超过50毫克/千克。磷酸氢钙的钙、磷利用率高,是优质的钙、磷补充料,磷酸钙含钙38.69%、磷19.97%。虽然其生物利用率不如磷酸氢钙,但也是重要的补钙剂之一。磷酸二氢钙含钙量不低于15%,含磷不低于22%。其水溶性、生物利用率均优于磷酸氢钙,是优质钙、磷补充剂,适用于鱼虾饲料,利用率优于其他磷源,适于作液体饲料。

5. 其他常量矿物元素原料

包括含硫原料,含镁原料和含钾原料。含镁原料主要有白云石、碳酸镁、氧化镁、硫酸镁和氢氧化镁等。含钾原料主要有氯化钾、碳酸氢钾、碳酸钾、碘酸钾、碘化钾和硫酸钾等。含硫原料主要有硫酸铵、硫酸钙、硫酸钾等。在使用矿物质原料时,主要注意以下几个问题:①矿物质元素的含量。②不同来源、不同化学形态的同一元素有不同的利用率。③加工处理得当与否影响利用率。④是否含有有害物质,如重金属铅、汞、砷、氟等。

6. 含铁饲料

在我国饲料中动物蛋白源性饲料含铁量最高,糠糟类、饼粕类、草粉叶粉类次之,豆类及谷实类饲料含铁量较少。含铁的矿物质饲料常用的是硫酸亚铁、硫酸铁、氧化铁、氯化亚铁、碳酸亚铁等。其中硫酸亚铁具有较高的生物学效价,并且价格低廉,为当前国内外饲料中所用的主要铁源。硫酸亚铁有七水硫酸亚铁($FeSO_4 \cdot 7H_2O$),含铁20.8%和一水硫酸亚铁($FeSO_4 \cdot H_2O$),含铁32.9%。七水硫酸亚铁,易吸湿潮解,不易粉碎,储存太久易结块,尤其在高温高湿气候下更严重,与其矿物质混合制成预混合饲料也有结块现象。因此,通常先烘干成一水硫酸亚铁,再粉碎备用。

7. 含铜饲料

我国常用饲料中饼粕类含铜量较高,动物性饲料原料、草粉叶粉类、豆类、糠麸类饲料次之,谷类饲料含量最低,其中又以玉米含铜最低。常用含铜的矿物质饲料为硫酸铜,另外还有碳酸铜、氯化铜、氧化铜、碘化铜等。硫酸铜的生物学效价高,用于饲料还具有类似抗生素的作用,与抗生素并用,有协同效果。但用量过大会引起相反的效果,甚至造成中毒。硫酸铜又有含5个结晶水和含1个结晶水两种,以含1个结晶水为好。硫酸铜长期储存同样有结块现象,不易与其他饲料拌匀。而且硫酸铜可促进不稳定脂肪的氧化而造成酸败,同时破坏维生素,在配料时应加以注意。

8. 含锰饲料

我国饲料中糠麸类含锰最高,叶粉草粉类、饼粕类、豆类、谷实类饲料和动物性饲料次之,其中以甘薯和桉叶含锰量较高,玉米含量最低。硫酸锰、碳酸锰、氧化锰、氯化锰等都可作为含锰的矿物质饲料。饲料工业上常用硫酸锰($MnSO_4 \cdot H_2O$),含锰27%以上,生物学效价高。尽管氧化锰的生物学效价不如硫酸锰,但市场价格便宜,因而其用量也较大。

9. 含锌饲料

我国常用饲料中,鱼粉的含锌量最高,其次是糠麸类、饼粕类、豆类、谷实类和草粉叶粉类、薯类饲料含锌量最低。配合饲料中常用的锌添加剂有碳酸锌、氯化锌、氧化锌和硫酸锌。氧化锌的含锌量为70%~80%,比硫酸锌的含锌量高1倍以上,而且价格也比硫酸锌便宜,只是生物学效价较低。所以在饲料中常用的还是硫酸锌,国家标准中规定饲料用硫酸锌中铅含量应小于5毫克/千克。

10. 含硒饲料

鱼粉中含有较高的硒,草粉叶粉次之;再次为饼粕类和糠麸类谷实类、豆类和薯类中含硒量较低。硒酸钠(Na_2SeO_4)和亚硒酸钠(Na_2SeO_3)均可作为硒源添加,但以后者生物学效价高,是饲料工业上主要硒源原料。硒既是动物所必需的微量矿物元素,又是有毒物质,因此添加量应严格控制,一般添加量在0.1毫克/千克,缺硒地区可适当增加。亚硒酸钠是最常用的添加原料,应注意不能直接添加于饲料中,必须先进行预混合,并在预混合饲料包装上标出详细使用说明及注意事项。饲料中超过3~5毫克/千克即有中毒的可能。

11. 含碘饲料

常用的比较安全的含碘化合物有碘化钾、碘化钠、碘酸钠、碘酸钾和碘酸钙。我国使用碘化钾较多,但其稳定性差,在高温高湿条件下易形成单质碘而升华逸失。因此,用碘化钾提供碘时应按预混合饲料和配合饲料使用周期长短,控制用量的保险系数,一般可控制在需要量的 1.5 倍。碘酸钙在水中的溶解度低,也较碘化物稳定,并且生物学效价和碘化钾近似,因此在国外使用得很普遍。

12. 含钴饲料

常用的钴源原料有硫酸钴、碳酸钴、醋酸钴、氯化钴和氧化钴等。多用的是一水硫酸钴($CoSO_4 \cdot H_2O$),含钴 33%,生物学效价高,是一种良好钴源。此外,我国也多用氯化钴($CoCl_2$),含钴 45%,水溶性高,易吸潮结块,储存时应注意干燥条件。由于钴在饲料中添加量甚微,在预混合饲料中所占比例也很小。所以,为了保证其在饲料中分布均匀,需要用稀释剂按一定比例逐级预混稀释。

(八)饲料添加剂

渔用饲料添加剂又称渔用饲料增补剂、补加剂、强化剂、生长促进素等。渔用饲料添加剂系指配合饲料中加入的各种氨基酸、矿物质、维生素、抗生素、激素、酶制剂、驱虫药物、抗氧化剂、防霉剂、着色剂和熟食增进剂等微量成分。饲料添加剂的用量极少,一般占饲料用量百分之几到百万分之几,但作用极为显著。使用渔用饲料添加剂,一般有以下几种目的:一是弥补饲料营养成分不足;二是防止饲料品质劣化;三是改善饲料的适口性,提高养殖对象对饲料的利用率;四是增强养殖对象的抗病能力,促进正常生长发育;五是提高产品的产量和质量。

添加剂的种类,有营养型和非营养型之分。

1. 营养添加剂

(1)氨基酸添加剂 水生动物所必需的 10 种氨基酸,其中最为缺乏的(含量最低的)是蛋氨酸,称为渔用配合饲料第一限制性氨基酸;其次是赖氨酸、色氨酸。所谓配合饲料的氨基酸添加剂,系指这些限制性氨基酸和由于渔用饲料特点不同而特殊需要的一些必需氨基酸。

(2)矿物质添加剂 矿物质添加剂包括常量元素添加剂、微量元素添加剂。氨基酸螯合盐具有吸引率高,化学稳定性好,生物效价高等优点。李爱杰(1994)发现在每千克罗非鱼饲料中添加蛋氨酸微量元素螯合物,可加速罗非鱼的生长,较对照组提高 17.84% ~ 25.84%。吕景才等(1995)报道,在罗非鱼饲料中用氨基酸螯合盐代替无机盐,其增重比对照组高 75.7%,饲料系数下降 29.2%,另外试验组鱼肌肉中蛋白质含量也高于对照组。因此,罗非鱼矿物质预混合饲料如能采用有机矿或部分采用有机矿,其生长效果必优于无机矿物质。

(3)维生素添加剂　包括维生素 A、维生素 C、维生素 D、维生素 E、维生素 K、硫胺素、核黄素、吡哆醇、泛酸钙、叶酸、生物素等。有关罗非鱼维生素预混合饲料的选择,主要是看其实际含量与罗非鱼维生素需要的差异,另外也要看其所使用单项维生素的情况。一般来说,尽量使用正规公司的产品,因为其采购的单项维生素基本是进口产品,在含量上也不会偷工减料。一般认为,罗非鱼饲料中维生素 C 无须采用单聚磷酸酯,使用包膜维生素 C 较为实惠与经济。

2. 非营养型添加剂

大致可归纳为三类:保健助长添加剂、饲料保存剂、其他添加剂。

(1)保健助长添加剂　属于非营养性添加剂,其主要作用是刺激水生动物的生长,提高对渔用饲料的利用率,防治疾病。可把抗生素、抗菌药物、激素、酶制剂等包括在内:①抗生素添加剂。它是以抗生素为主体的制剂。抗生素对特异微生物的生长有抑制和杀灭作用,因此又称抗生素。大蒜素是常用的抗生素,因为大蒜素中的三硫醚对多种病菌具有杀灭和抑制作用,曾虹等(1996)在罗非鱼饲料中添加 50 毫克/千克的大蒜素,发现罗非鱼的增重率、成活率均高于对照组,饲料系数低于对照组。②药用保健添加剂。主要是磺胺类药物、砷制剂和抗寄生虫药物、免疫刺激剂以及中草药助长保健剂等。近年来开发出来的一种免疫刺激因子 β - 葡聚糖是一种新型免疫增强剂。它在肠道内不被消化吸收,直接通过胞饮进入血液系统,激活巨噬细胞的活性,进而引发一系列的免疫反应,从而增强水产动物机体的免疫功能,抵抗外来病毒的侵袭,提高水产动物的增长速度。③激素。它是水生动物分泌器官直接分泌到血液中去的对机体有特殊效应的物质。人工合成激素用作渔用饲料的有性激素、肾上腺皮质激素和皮激素等。郭志勋等(2000)报道,在罗非鱼饲料中添加300毫克/千克快大素,罗非鱼增重率可以提高19.3%;李家乐等(1997)研究表明,在罗非鱼饲料中添加甲睾酮20毫克/千克,可让罗非鱼达到全雄,显著提高罗非鱼的成活率和增重率。但关于其在罗非鱼体内的代谢机制以及对人类健康的影响还需做更多的工作。④酶制剂类。酶亦称为酵素,对渔用饲料中营养物质的消化吸收起着催化作用。其种类有淀粉酶、蛋白酶、纤维素酶等。

(2)饲料保存添加剂　主要是抗氧化剂、防毒剂。用以防止渔用饲料在保存期间变质、影响适口性、营养价值降低,保障渔用饲料的安全和卫生。①抗氧化剂。抗氧化剂主要是防止渔用饲料中油脂和脂溶性维生素的氧化分解。②防霉剂。防霉剂是防止渔用饲料发霉变质的制剂。

(3)其他添加剂　主要为调味剂,这类添加剂能使渔用饲料有香甜味,其主要目的是改善饲料的气味和口感,通过动物的嗅觉和味觉引诱和增进动物采食,或者在饲料改变时使养殖对象很快适应,种类有香料及马钱子、芥子、甜菜碱等;黏合剂,可以维持饲料在水中的稳定性;着色剂,可以使观赏鱼、虹鳟等的产品质量得到改善;水质改良剂,有益生素、光合细菌(PSB)、酵菌素(EM)、鱼肥灵等。

第四节　饲料配方设计与常用配合饲料

一、配合饲料

天然饵料只是促进鱼类生长的一个方面,要使鱼类在短期内达到商品规格,主要靠投喂人工饲料。这里说的人工饲料主要是指人工配合饲料。配合饲料以动物的不同生长阶段、不同生理要求、不同生产用途的营养需要,以及以饲料营养价值评定的实验和研究为基础,按科学配方把多种不同来源的饲料,依一定比例均匀混合,并按规定的工艺流程生产的饲料。由于养殖鱼类不同,生长发育阶段不同,所需的配合饲料从营养成分到饲料形状规格都不同。配合饲料按形态可分为三类:颗粒饲料、粉状饲料、微粒饲料。

(一)颗粒饲料

各种饲料原料经粉碎、配料、搅拌、挤压成形、烘烤、晒干等工序而制成颗粒状饲料。颗粒饲料依成品物理性状,又分为硬颗粒饲料、软颗粒饲料和膨化颗粒饲料。①硬颗粒饲料。颗粒结构细密,在水中稳定性好,营养成分不易溶失,属沉性饲料,其生产机械化程度高,适宜大规模生产。鲤鱼、鲫鱼、鳊鱼、青鱼、草鱼等鲤科鱼类和罗非鱼等都适宜于投喂此种饲料。②软颗粒饲料。颗粒质地松软,水中稳定性较差,在常温下成形,营养成分无破坏,一般适合于养殖场自产自用。③膨化颗粒饲料。颗粒结构疏松,结粒牢固,能悬浮水面一定时间。其加工过程经过高温膨化,达到灭菌、干燥的效果,有利于长期保存。

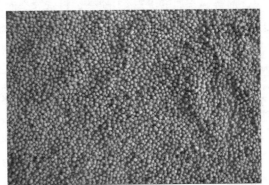

图4-12　罗非鱼颗粒饲料

(二)粉状饲料

将各种饲料原料粉碎,并按配方比例充分混合而成的一种饲料。使用时加适量水和油搅拌成团块状,在水中不易溶散。在生产上,常将颗粒饲料粉碎成粉状来投喂早期苗种。

(三)微粒饲料

微粒饲料也称微型饲料,是一种粒径微小的新型配合饲料,供饲养鱼类仔鱼用,也可供滤食性鱼类食用。配合饲料蛋白质含量合理,氨基酸平衡,营养完全,质量好,饲料系数一般为 1～2.5。由于鱼类的种类及规格、水体、水温、水质以及饲料的质量都会影响养殖鱼类的食欲和摄食,投饵量要适时调整,以鱼吃七八成饱为宜。

我国罗非鱼人工配合饲料形态有两种,一种是普通颗粒料,另一种是膨化料。在生产普通颗粒料时,饲料调质温度最好控制在 80～95℃。饲料经充分调质,糊化度好,水中稳定时间较长,饲料外形光滑美观。生产罗非鱼膨化料时,采用超微粉碎工序,80% 以上过 80目筛,生产出的罗非鱼料外形美观,而且对膨化机的磨损小,延长其使用寿命。无论是普通颗粒料还是膨化料,其粒径大小基本上在1.5～5.0 毫米。但关于饲料应用期的分类各不相同,有鱼苗、鱼种、成鱼料的叫法,也有鱼花、仔鱼、幼鱼、中成鱼料的称呼,也有按鱼体重的大小分类的。一般膨化料价格高于普通颗粒料,但膨化料养殖效果优于普通颗粒料,养殖效益突出。

总之,配合饲料具有如下优点:①配合饲料营养全面,易于消化,饵料系数低,养鱼效率高。②配合饲料通过加热使淀粉糊化,增强了黏结性,使营养成分在水中溶散极少,减少了饲料的浪费,减轻了对水质的污染,有利于高密度集约化养殖。③根据鱼的种类、规格、生长发育阶段的营养需要,可制成不同规格形状的适口饲料。④配合饲料的原料来源广,可以合理开发利用各种资源。⑤配合饲料含水量少,添加了抗氧化剂、防霉剂等,可以延长保存期,并可做到常年制备,不受季节和气候的限制,从而保障了供应,养殖者可以随时采购,运输和保管极为方便。

二、罗非鱼的常用饲料

天然饵料只是促进鱼类生长的一个方面,要使鱼类在短期内达到商品规格,主要靠投喂人工饲料。

(一)罗非鱼仔鱼、稚鱼饲料

罗非鱼苗种阶段是以摄食轮虫、桡足类、少量有机碎屑、藻类、原生动物等天然饵料为主的。在苗种培育中,其饵料主要以施肥繁殖浮游生物,特别是以轮虫等为主的浮游动物来解决,亦可辅以泼喂豆浆、投喂豆乳粉、投喂蛋白质含量40%以上的微粒饲料等。用人工饵料时,以"全蛋饲料"喂仔鱼较好,幼苗的饲料以繁育天然浮游生物饵料效果最好,也比较经济。

1.全蛋饲料

我国的养鱼经验是在"发塘"期间给仔鱼、幼鱼投喂蛋黄和泼洒豆浆,特别是对投喂蛋黄,经验证明不如投喂全蛋饲料,因为蛋黄中蛋白质含量不足30%,而全蛋的蛋白质含量为40%以上,建议泼洒全蛋饲料。具体做法是:将鸡蛋打入碗中,用搅拌器搅碎,每枚鸡蛋对应加入100~150毫升沸水,边搅边加,使之成为蛋花,冷却后即为"全蛋饲料",将其投喂给幼鱼。

2.复合饲料

在饲料中加入多种具有生物活性的物质,比单一的饲料要好。具体做法为:将配合仔鱼、稚鱼饲料粉碎后,拌入鲜酵母、全鸡蛋、卤虫粉和卤虫卵粉。其中配合饲料占75%,其他约占25%。

(二)罗非鱼成鱼阶段常用饲料

目前在我国罗非鱼配合饲料的生产和应用已非常普遍。饲料配方可根据各地的饲料来源情况,依据罗非鱼的营养需要和饲料原料营养成分,用多种原料组成。现将一些有参考实用价值的饲料配方列于表4-7。

表4-7　罗非鱼常用饲料配方

饲料配方中的原料组成	适用范围
麦麸30%,豆饼35%,鱼粉15%,玉米粉5%,槐树叶粉5%,大麦8.5%,维生素预混合饲料1%,食盐0.5%	用于流水养幼苗
鱼粉10%,麦麸37%,豆饼50%,维生素预混合饲料1%,矿物质预混合饲料1%,羧甲纤维素1%	池塘鱼种养殖
豆饼10%,菜籽饼10%,棉饼15%,麻饼5%,鱼粉5%,米糠30%,麸皮21%,混合盐4%	池塘成鱼养殖

饲料配方中的原料组成	适用范围
鱼粉 10%，豆饼 25%，小麦麸 65%，蛋氨酸 0.3%，混合盐 1%，多维 0.02%	池塘成鱼养殖
鱼粉 8%，豆饼 5%，芝麻饼 35%，米糠 30%，玉米 8%，麦麸 12%，矿物质 2%	网箱成鱼养殖
豆饼 50%，鱼粉 25%，麸皮 25%，混合盐 1%，维生素 0.2%	网箱养殖
鱼粉 10%，血粉 3%，酵母粉 2%，肉骨粉 3%，棉仁饼 15%，豆饼 10%，花生饼 20%，麸皮 25%，玉米面 10%，多维素 0.2%，无机盐 2%	网箱成鱼养殖

另外，美国大豆协会推荐的罗非鱼全价饲料配方为：鱼粉 10%，豆粕 40%，面粉 22.5%，棉籽饼 5.2%，菜籽饼 5%，米糠 14%，豆油 2%，维生素预混合饲料 0.1%，矿物质预混合饲料 0.2%，磷酸二氢钙 1%。

罗非鱼的饲料配方中，无论是用于池塘养殖，还是集约化养殖，配方中的矿物盐的添加是很重要的。对于池塘养殖，维生素混合物可以不予添加，罗非鱼可以通过广泛摄食天然饵料而获得；而对集约化的网箱养殖、温流水养殖，则必须添加矿物盐。

第五节　罗非鱼饲料的标准化加工工艺

一、配合饲料加工生产主要程序

配合饲料的加工一般分为原料的接收和清理、原料的粉碎、混合、压制颗粒、成品包装等工序，见图 4-13。

图 4 – 13　配合饲料加工工序

（一）原料清理

饲料谷物中常夹杂着一些沙土、皮屑、秸秆等杂质。少量杂质的存在对饲料成品的质量影响大。清理除杂的目的：①保证成品的含杂不要过量。②保证加工设备的安全生产，减少设备损耗以及改善加工时的环境卫生。饲料原料中的杂质，不仅影响到饲料产品质量而且直接关系到饲料加工设备及人身安全，严重时可致整台设备遭到破坏，影响饲料生产的顺利进行，故应及时清除。常用的清理方法有两种：①筛选法，用以筛除大于及小于饲料的泥沙、秸秆等大杂质和小杂质。②磁选法，用以分除各种磁性杂质。

（二）原料粉碎

用机械的方法克服固体物料内聚力而使之破碎的一种操作，是家禽饲料加工中最重要的工序之一。这道工序是使团块或粒状的饲料原料体积变小，粉碎成鱼类养殖标准所要求的粒度，它关系到配合饲料的质量、产量、电耗和成本。按与配料工序的组合形式可分为先配料后粉碎工艺与先粉碎后配料工艺。

（三）原料混合

混合是饲料生产中将配合后的各种物料混合均匀的一道工序，它是确保饲料质量和提高饲料效果的重要环节。具体是指将饲料配方中的各种成分，按规定的重量比例混合均匀，使得整体中的每一小部分，甚至是一粒饲料，其成分比例都和配方所要求的一样。饲料混合的好坏，对保证配合饲料的质量起重要作用。要做到均匀混合，微量养分如氨基酸、维生素、矿物质等应经过预混合，制成预混合饲料。投料顺序一般量大的组分先加或大部分加入机内后，再将少量或微量组分置于物料上面；粒度大的物料先加，粒度小的后加；质量分数小的物料先加，质量分数大的后加。混合时间长短应通过检验饲料混合均匀度的试验来确定。时间过短，物料在混合机中没有得到充分混合，影响混合质量，时间过长，会使物料过度混合而造成分离，同样影响质量。预混合饲料的变异系数（CV）要求不大于5%，而配合饲料的变异系数（CV）要求不大于10%。

（四）压制制粒

把粉状的饲料制成颗粒状的饲料要通过挤压才能完成。罗非鱼配合饲料分为鱼苗饲料、鱼种饲料和食用鱼饲料3种。

（五）破碎

经过冷却，大的颗粒饲料可用机器碾压后，筛分成大小不等的碎粒和粗屑，以满足饲养各种规格幼鱼、稚鱼的需要。

（六）筛分和包装

制粒后配合饲料经筛分除去碎渣和粉末，包装后储藏。碎渣和粉末再返回加工。

（七）储藏

饲料仓库要求通风、防潮，储藏过程中要防霉、防虫、防鼠害等。

二、饲料的加工工艺流程

目前我国配合饲料的生产一般均采用重量式配料、间歇混合、分批次生产的工艺。这种生产工艺在实践中可分为两类：一类是先粉碎后配料、混合的生产工艺，另一类是先配料后粉碎、再混合的生产工艺。

1. 先粉碎后配料的生产工艺

这是我国目前较多采用的生产工艺。工艺流程如下:原料接收—清理除杂(筛理、磁选)—粉碎—配料—混合—压制颗粒—筛分—粒料成品包装(散装)—粉料成品包装(或散装)。这种工艺的特点是:原料可分品种进行粉碎,有利于充分发挥粉碎机的效能,可按物料特性、家禽品种(生长阶段)、对象生理要求选择粉碎粒度。由于原料按品种分别粉碎,因而需要较多的配料仓。同时,由于频繁更换粉碎原料,使操作麻烦。

2. 先配料后粉碎的生产工艺

目前我国只有少数家禽饲料生产采用这种生产工艺。工艺流程如下:原料接收(清杂)—配料—筛理—粉碎—混合—压制颗粒—筛分—粒料成品包装(或散装)—粉料成品包装(或散装)。这种工艺的特点是:先行配料统一粉碎,故混合前饲用原料组分粉碎粒度均匀一致,便于生产颗粒饲料;可以节省料仓,因为此种工艺的配料仓就是原料和辅料的储存仓,粉碎仓只起缓冲作用;工艺的连续性要求设备配套性能好,技术水平高,在配料后设筛理工序可以将无须粉碎粉状原料与辅料筛出直接送至搅拌机混合。

第六节　饲喂技术

一、选择饲料的原则

在不同的生长发育阶段,罗非鱼对饲料中蛋白质的需求量有所不同,对配合饲料颗粒的粒径大小也有一定的要求。开始阶段以粉料为主,随后依据鱼体生长速度、个体大小适时改变颗粒大小,切记不可"改口"过早,否则会导致鱼生长规格不均。表4-8是不同阶段罗非鱼配合饲料的饲料规格,供配制加工和选购饲料时参考。

第四章

表4-8　不同生长阶段罗非鱼饲料投喂量参考表

规格	饲料类型	投饵量
10 克/尾以下	粗蛋白质含量35%的粉状料	6% ~ 8%
10 ~ 100 克/尾	粗蛋白质含量32%左右的破碎料或小鱼料	4% ~ 5%
100 ~ 200 克/尾	粗蛋白质含量32%左右的破碎料或小鱼料	4%
200 ~ 300 克/尾	粗蛋白质含量30%的中成鱼料	3.3%
300 ~ 400 克/尾	粗蛋白质含量30%的中成鱼料	2.5%
400 克/尾以上	粗蛋白质含量28%的成鱼料	2%

二、投喂原则

饲料的投喂要遵循"定时、定点、定质、定量"四定原则和"看天气、看鱼情、看水质"的三看原则。

定时:每天的投喂次数、时间要确定,投喂的时间误差不得超过30分。

定点:每次的投喂应坚持在固定的场所位置,投喂点可设在池塘长边方向的中间位置,最好用木板向池中伸出2米左右搭一个投料点,这样有利于扩大投喂面积,便于罗非鱼的均衡摄食。

定质:选择适口性好,营养均衡不含抗生素及其他违禁药物,易于消化、吸收的优质饲料,不用劣质饲料或发霉变质的饲料以及其他饲料。

定量:每天要保持适当的投料量。除了下雨、闷热天气、鱼不正常活动等特殊情况,每天的投料量要相对稳定,随着鱼体的生长,投料量要逐渐增加。

要根据天气情况、鱼类生长情况及水质情况等进行投喂调整,天气晴朗时多喂;天气不好,阴雨连绵、天气闷热或寒流侵袭时少喂或不喂;罗非鱼生长旺盛、无疾病时适当多喂,反之则少喂;水质清新、溶氧充足时罗非鱼摄食旺盛,可正常投喂;而水质较差、溶氧较低时则少喂或不喂。

三、投喂方法

投喂方法的好坏直接影响鱼饲料的使用效果,科学投喂是关键。首先要注意驯化投喂。投喂配合饲料时,在投饵前5分用同一频率的音响(如敲击饲料桶的声音)对鱼类进行驯化,时间一般5～10天。驯化方法是:先停食1天,然后在第二天喂食,先将一瓢颗粒饲料慢慢地呈扇形撒放水中,力求饲料同时到达水面,分布范围要小,第二次以同样的方法投料,两次投料时间相隔5分左右,保持此频率不变,驯化1.5小时;第三天重复头一天的动作,驯化1小时;第四天以后每天保持1小时的驯化时间,直到吃食性鱼类全部上浮到水面抢食,饲料在水表层20厘米的深度内全部吃完并养成在水面争食的习惯为止。在驯化投喂过程中,注意掌握好"慢－快－慢"的节奏和"少－多－少"的投喂量,一般连续驯化10天左右便可进行正常投喂。

投喂方法一般有人工投喂和机械投喂两种方式。人工投喂时,往往鱼群争相抢食,由于个体强弱差异,若投喂过于集中或一次投喂量过少,往往会造成鱼体大小分化,因此,最好采用投饵机投喂,这样饲料才能均匀撒落,分布面更广,从而避免了规格小的鱼种、体质弱的鱼苗因鱼群集中抢食吃不到饲料或吃不饱的现象。

四、投喂率和投喂次数

确定合理的投饵量。投饵应有一定的数量,不能忽多忽少,要合理确定投饵量,既要保证鱼类最大生长的营养需要,因为如果投喂量达不到要求时,鱼类生长速度将会减慢。同时也不能过量投喂,过量投喂会造成饲料浪费并有污染水环境的潜在危险。通常用鱼体体重的百分数表示投饵量,称为投饵率。不同规格罗非鱼的投喂量和投喂次数可参考表4－9。

鱼规格越小,投喂次数要越多;鱼规格越大,相应投喂次数越少。另外,水温不同,投喂量不同,投喂次数亦不同。2种规格罗非鱼不同水温下的投喂量和投喂次数可参考表4－10。

第四章

表 4-9　罗非鱼投喂率(投喂量/鱼体重,%)和投喂次数(次/天)

鱼体重(克)	投喂率(%)	投喂次数
<1	30	6
<5	10	6
<25	4.5	4
<50	3.7	3
<75	3.4	3
<100	3.2	3
<150	3.0	2
<200	2.8	2
<250	2.5	2
<300	2.3	2
<400	2.0	2
<500	1.7	2
<600	1.4	2

注:资料引自 Lim and Webster,2006。

表 4-10　水温与投喂量和投喂次数的关系

水温(℃)	平均体重<100 克		平均体重>100 克	
	占正常投喂的比例(%)	投喂次数	占正常投喂的比例(%)	投喂次数
26 < T < 32	100	4	100	2~3
24 < T < 26	90	3	90	2
22 < T < 24	70	2	60	2
20 < T < 22	50	2	40	2
18 < T < 20	30	1~2	20	1
16 < T < 18	20	1	10	1
T < 16	不投喂		不投喂	

五、投喂时间

根据投喂次数确定每天的投喂时间,每次投喂的间隔时间保持

均匀。选择每天溶氧较高的时段,根据水温情况定时投喂,当水温在20℃以下时,每天投喂 1 次,时间在上午 9 点或下午 4 点;当水温在20～25℃时,每天投喂 2 次,在上午 8 点及下午 5 点;当水温在 25～30℃时,每天投喂 3 次,分别在上午 8 点、下午 2 点和 6 点;当水温在30℃以上时,每天投喂 1 次,选在上午 9 点。

第五章　罗非鱼的标准化健康繁殖关键技术

　　罗非鱼是热带鱼类,罗非鱼的繁殖有两大特点,一是口孵,二是亲鱼个体小,产卵量少。因此,罗非鱼在繁殖方面不需要进行人工催情产卵和流水刺激,只要水温稳定在18℃以上,将成熟的雌、雄亲鱼放入同一繁殖池中,它们就能自然杂交繁殖鱼苗。通常罗非鱼的繁殖最低温度为20℃,产卵适温范围为24~32℃,最高温度为38℃。我国幅员辽阔,南北气候各不相同,在自然水温条件下,长江流域一般在4月底至5月初放养,广东、广西、福建地区约在3月中下旬放养,海南省可在1月下旬放养。在水温25~30℃的情况下,每隔30~50天即可杂交繁殖1次。

第一节　罗非鱼的繁殖特性

一、性成熟年龄

罗非鱼产卵时间与鱼体长、体重关系不大,主要与年龄有关。在密养情况下生长缓慢,到一定年龄体重虽小,仍能进行产卵繁殖。罗非鱼的性成熟年龄,因水域、气温、环境条件等而发生变化,品种之间亦存在差异。环境因素的好坏对罗非鱼的性腺发育起着至关重要的作用,特别是水温的高低对罗非鱼性腺发育的影响尤为突出。水温高,喂养条件好,则生长快,成熟早;反之则成熟晚。

在热带地区的天然水域中,莫桑比克罗非鱼的自然寿命一般为5年,尼罗罗非鱼的寿命为6～7年。但罗非鱼具有性成熟早、产卵周期短等特点,一般看来,其性成熟年龄为3～6个月。通常在长江流域饲养的罗非鱼在4～6月龄时,即达到性成熟。莫桑比克罗非鱼和福寿鱼产出后3～4个月就能性成熟,经过越冬后的鱼种在2～3个月就可繁殖产卵。奥利亚罗非鱼成熟年龄比尼罗罗非鱼迟,其繁殖的最小龄期为1冬龄,当年的奥利亚罗非鱼苗在池塘养殖条件下要到第二年才能达到性成熟,红罗非鱼(尼罗罗非鱼与色利莫桑比克罗非鱼杂交的突变种)5～6月龄体长15厘米以上即达到性成熟。

一般罗非鱼繁殖的最小龄期为1冬龄,成熟雌鱼最小体长约为12.6厘米,体重约58克;雄鱼体长约为10厘米,体重约36克。非洲原产地的尼罗罗非鱼成熟个体的体长为20～29厘米,也有报道说尼罗罗非鱼最小成熟个体为12厘米。中国水产科学研究院珠江水产研究所引进的橙色莫桑比克罗非鱼和荷那龙罗非鱼的最小繁殖年龄均为6个月,其性成熟最小个体体长分别为6.6厘米和8.6厘米,最小个体体重分别为14.1克和37.5克。

我国在池塘养殖条件下饲养的罗非鱼,其养殖期到10月即行结束,因此,当年苗在池塘中产卵繁殖不多见,通常到第二年才达到性成熟。而在养殖期较长的福建、广东、广西及海南,只要水温适宜,即可产卵繁殖。因此,在池塘养殖中往往造成繁殖过剩,抑制整个群体的生长,造成一定时期内达不到预期的商品规格,降低了罗非鱼的质量。

二、怀卵量与产卵次数

罗非鱼为多次产卵型鱼类,卵巢成熟系数约为4%,即罗非鱼的卵成熟时,其卵巢重量约为其体重的4%。初产雌鱼卵巢偏小。解剖不同时期的雌鱼性腺,都能见到处于不同发育时期的卵子,虽然罗非鱼产卵时间与自身体长、体重并无直接关系,但研究表明,不同体长个体的雌鱼怀卵量相差很大。

根据罗非鱼性腺的发育状况,通常可分为六期:

Ⅰ期:生殖腺呈细丝状,白色,肉眼无法辨别其性别,巢内是大量的卵原细胞或精原细胞。

Ⅱ期:卵巢仍如细丝,但比第一卵巢期稍粗。背面有一纵向的血管,肉眼不易辨别雌雄。巢内是处于小生长期的初级卵母细胞。精巢在外形上与卵巢无多大区别,巢内仍是精原细胞,但有的还有卵原细胞存在,呈嵌合体。

Ⅲ期:卵巢体积显著增大,扁圆形,肉色。可见到细小卵粒,背面血管较明显,成熟系数为0.21%～0.57%,巢内初级卵母细胞处于卵黄形成的大生长期。精巢体积稍有增大,呈片带状,半透明的肉白色,成熟系数为0.13%～0.14%,巢内为初级精母细胞。

Ⅳ期:卵巢体积更加增大,圆筒状,浅黄色,背面血管粗大,且有分支,成熟系数为0.7%～5.1%,巢内初级卵母细胞充塞满卵黄,生长已经完成。精巢体积增大,背面能见到纵行血管,肉色,成熟系数为0.14%～0.24%。巢内初级精母细胞已发育成为次级精数为母细胞,进而形成精子。

Ⅴ期:卵巢黄色,卵子游离。卵巢吸水后重量可增加1倍。卵子已达到生理成熟,可与精子结合成受精卵。精巢呈乳白色,体积显著增大,血管粗大且有分支,成熟系数为0.48%～1.49%,轻压腹部可挤出乳白色精液,显微镜下可观察到自由活动的精子。

Ⅵ期:卵巢浅黄色,暗淡。体积比Ⅳ期时稍小。卵巢表面出现灰白色斑点。卵粒开始溶融,界线逐渐模糊。卵巢重为体重的 2.01% ~ 4.61%。精巢暗红色,体积明显缩小,占体重的 0.50% ~ 0.65%。

以雌鱼发育至Ⅳ期的卵巢为标准,解剖 33 尾,发现体长 17 ~ 20 厘米的鱼怀卵量为 450 ~ 1 764 粒,体长 20.1 ~ 23 厘米的为 450 ~ 1 890 粒,体长 23.1 ~ 26 厘米为 568 ~ 2 142 粒,体长 26.1 ~ 29 厘米为 2 028 ~ 2 158 粒,变动幅度一般较大。一般鱼体越大,则怀卵量越大,成熟卵粒愈多。

罗非鱼在热带天然水域中,随时可见雌鱼含卵孵苗。据报道,当春季水温在 20℃ 以上时,罗非鱼就有造产卵床等生殖行为。每年繁殖的次数与罗非鱼的品种有关,如莫桑比克罗非鱼每年可产卵 6 ~ 11 次,其产卵周期一般为 22 ~ 40 天。最适温度下 13 ~ 21℃ 时,尼罗罗非鱼每年的产卵次数至少 5 次,生殖周期为 30 ~ 60 天。长期饲养在 18 ~ 19℃ 水温中的尼罗罗非鱼,要待水温到 20℃ 以上时才会产卵。在室外水池中,水温在达到适温后,也要经过 3 ~ 5 周的时间才产卵,产卵次数与水温和饲养条件有关,每隔 30 ~ 60 天产卵 1 次。荷那龙罗非鱼的年产卵次数 7 ~ 8 次,一般 30 天繁殖 1 次。红罗非鱼的产卵周期一般为 30 ~ 50 天,1 年可产卵 3 ~ 4 次。每年繁殖的次数还与营养状况和各地的气候条件有关,尼罗罗非鱼在我北方地区能产卵 3 ~ 4 次,而南方地区则多达 7 ~ 8 次。通常认为若水温保持在 20℃ 以上,在其他条件如水质和营养得到保证的条件下,罗非鱼可以一年四季进行繁殖活动而不受气温的影响,产卵次数完全可根据生产需要进行调整。

三、繁殖类型

罗非鱼的繁殖主要分为 4 种类型:底基繁殖类型(即受精卵不在亲鱼口腔内孵化的类型)、雌鱼口腔孵育类型、雄鱼口腔孵育类型、双亲口腔孵育类型。概括地讲,可分为两大类型,即口腔孵育类型和非口腔孵育类型。其中以雌鱼口腔孵育的鱼较多,如尼罗罗非鱼、奥利亚罗非鱼、莫桑比克罗非鱼和红罗非鱼等均属于这一类。口腔孵育型的罗非鱼在孵化时雌鱼停止摄食,将卵和前期鱼苗由亲鱼吞入口中孵育,孵出后的仔鱼仍继续在雌鱼周边游动,一旦遭遇敌害,雌鱼会立即将仔鱼含入口腔,即护幼行为,仔鱼从出膜到离开雌鱼自营生活,一般7~8天,待到鱼苗能完全脱离亲鱼时亲鱼才离去。而非口腔孵育型的罗非鱼是在池底亲鱼挖筑的巢内产卵、孵化和育苗。

四、繁殖习性

罗非鱼对繁殖条件的要求不高,一般小面积的静水池塘或水泥池都能繁殖。产卵的最低水温为19~20℃,最高水温为38℃,适宜的产卵温度为24~32℃。在最适产卵温度下,罗非鱼每隔30~50天即可繁殖1次,子代性比为1:1。雄鱼对水温的变化比雌鱼敏感。性成熟的雄鱼在繁殖季节,具有鲜明的婚姻色,体长和体重超过同龄雌鱼,体高和体长的比值也大于雌鱼,此外,代表第二性征的背鳍和臀鳍软条都比雌鱼长。当水温稳定在20℃以上时,罗非鱼全年都可以繁殖。在我国长江中下游地区5~10月可以产卵,而广东、广西以及海南产卵时间要长一些,一般从春季开始繁殖,初夏进入盛期,盛暑水温超过30℃以后,繁殖减少,11月都还可以进行繁殖。

罗非鱼有挖窝筑巢产卵和受精卵在雌鱼口中孵化的生殖习性。春末夏初当池塘水温达到20℃以上时,罗非鱼进入繁殖季节。雄性罗非鱼就会离群分散到近岸边的池底浅水处挖窝筑巢。挖窝时先用尾鳍清扫淤泥,然后头向下将泥沙含入口中后再向四周喷出,如此反复直到多次挖掘成圆盘状、凹陷的产卵窝为止。一般莫桑比克罗非鱼的产卵窝直径为10~30厘米,深6~8厘米。尼罗罗非鱼的产卵窝要大一些,直径为60~120厘米,深15~30厘米,窝间距0.5~1米。当罗非鱼被放养在水泥池或水族箱里时,雄鱼依然会有"挖窝筑巢"行为,形成隐约可见的圆形圈,作为产卵窝。产卵窝筑成以后,雄鱼守护在旁边以防别的雄鱼侵占。雄鱼守卫着领地和产卵窝,并不时游向从附近过往的鱼群,追逐雌鱼,并在雌鱼周围打转,不时用头顶雌鱼的腹部,引诱雌鱼进窝进行产卵受精,直至带领一尾成熟雌鱼入窝。一般产卵时间最长可达1小时之久。产卵时,雌雄鱼呈交叉状。莫桑比克罗非鱼产卵后,在雌鱼把卵吸入口中的同时,雄鱼排精于卵上,精子随水进入雌鱼口中与卵受精。而尼罗罗非鱼雌鱼产卵后,雄鱼立即在卵上排放精液与卵受精,同时雌鱼把受精卵吸入口中孵化。雄鱼再行寻找其他成熟雌鱼,继续进行繁殖活动。受精卵的孵化时间随温度而定,在 25～27℃需 13～14 天。而后幼鱼仍密集于母鱼头部附近约 3 天,遇危险会再被衔入口中,5 天后这种亲子关系才结束。随后雌鱼进入新的繁殖周期。

第二节 亲鱼的繁殖与培育

一、繁殖池的准备工作

(一) 繁殖池的选择

苗种的质量直接影响着罗非鱼养殖的产量和经济效益。随着大家对罗非鱼生活和繁殖习性的进一步了解,为了防止大鱼吞食小鱼苗的情况发生,现在生产上弃用原来的繁殖池育苗法,一般采取把鱼苗从原繁殖池捞出后到苗种培育池中进行培育的方法。亲鱼繁殖池的好坏,直接影响到亲鱼的产卵、孵化和鱼苗的成活率。在选择亲鱼繁殖池时,要考虑到以下几个方面:

1. 位置

繁殖池应选择在水质良好,水源充足,注水、排水方便,环境安静的地方,每个池塘有其相对独立的进排水系统。池周围不要有高大树木和房屋,要向阳背风,以利提高水温。

2. 面积和水深

繁殖池面积一般以 0.5～2 亩为宜,水深应能随着鱼苗的生长而调节。亲鱼放入繁殖池时,前期水深 60～70 厘米,后期可逐渐加深到 1～1.5 米,亲鱼杂交繁殖时,水深以 0.8～1 米为宜。

3. 形状和土质

繁殖池形状最好为东西向的长方形,有利于通风和日照。鱼池的长宽比常以(1.5~3.0):1为宜,池埂高度高于水面35~55厘米,池边要有浅水滩,以利亲鱼挖窝产卵。土质以壤土或沙壤土为好,池底要平坦,易于拉网操作。不能生长有水草,保水性好,不漏水,每口池子依据面积大小及放养量配备增氧机1~3台。

(二)繁殖池的清整

亲鱼放养前,繁殖池必须进行清整消毒,给亲鱼创造优良的生活环境条件,有利于亲鱼繁殖。一般在冬季或早春排干池水,挖去过多的淤泥,保证淤泥厚度控制在14~20厘米。将池底平整,修补池埂和漏洞、底部、进排水等系统,清除杂草。然后在亲鱼放养前10~15天再进行药物清塘。常用的清塘药物有生石灰、漂白粉等,其中以生石灰最好,既能杀死鱼池中野杂鱼、敌害生物和水生昆虫、寄生虫等病原体,还有利于疏松底泥,调节水中pH,改善通气条件,促进细菌分解淤泥中的有机质,维持池水呈微碱性,有利于浮游生物生长和繁殖,起到肥水的作用。清塘应在晴天的中午进行,可提高药效。静水保温繁殖池与常温繁殖池在放养亲鱼前半个月清池,温流水池在放养前4~6天清池。清塘方法主要有两种:①干法清塘:是将池水排出,池底剩5~10厘米的水,每亩用生石灰60~75千克,先把生石灰加水化成浆,然后全池泼洒。经3天暴晒后回水。注水需经40~60目网过滤除杂。②带水清塘:用漂白粉清塘,漂白粉含有效氯30%左右,每亩4~5千克,将漂白粉加水溶解后立即全池泼洒。

(三)施基肥

清池后2~3天后向繁殖池注水50~60厘米,在亲鱼放养前5~7天,向池内加注新水1~1.5米。进水时,进水口要用60目以上筛绢过滤,防止野杂鱼卵、鱼苗和有害生物随水带入池内。常温繁殖池在清塘后,亲鱼放养前4~5天施基肥,以培养丰富的天然饵料供亲鱼摄食。基肥有粪肥(猪粪、牛粪、人粪尿等)和绿肥。一般每亩施粪肥500~600千克或绿肥400~500千克。粪肥要经发酵后加水稀释全池泼洒;绿肥堆放在池边浅水处,使其腐烂分解,做到亲鱼肥水下池。静水保温池可少施或不施基肥。

二、亲鱼的雌雄鉴别与成熟度的判断

罗非鱼雌雄鱼的区别比较明显。在鱼苗全长为 5 厘米以下时，难以用肉眼从外表上区分雌、雄个体。当罗非鱼长到 6 厘米以上时，一般用泄殖孔来识别雌雄。雄鱼腹部后方有两个开口，前为肛门，后为泄殖孔；雌鱼，在腹部后方紧邻着有 3 个开口，依次为肛门、生殖孔和泌尿孔。生殖孔位于肛门和泌尿孔之间的肛门后突起的中部，内与输卵管相连。奥利亚罗非鱼雌、雄亲鱼生殖孔结构示意图见图 5 - 1。

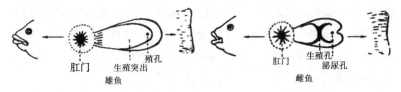

图 5 - 1　奥利亚罗非鱼雌、雄亲鱼生殖孔结构示意图

在繁殖季节，雌、雄鱼的体色体型差异较明显。雄鱼尾部颜色变红，有明显的婚姻色，而雌鱼颜色不如雄鱼那么鲜艳，体色没有明显变化，为灰黄色。如性成熟的莫桑比克罗非鱼体色为黑绿色，尾鳍和背鳍边缘为红色，胸鳍上端呈墨绿色。尼罗罗非鱼体色鲜艳，全身棕红色，背鳍边缘和尾鳍变成红色，腹部呈现出粉红色。奥利亚罗非鱼则全身呈现深紫蓝色，背鳍边缘和尾鳍末端为鲜艳的桃红色。一般同龄鱼中，雄鱼明显大于雌鱼。罗非鱼性成熟度的判定比较容易。雌鱼性成熟时，生殖突变大而且突出，离开腹沿，生殖孔开裂明显，周围有红晕。判断雄鱼成熟度最直接的办法就是用手轻轻挤压鱼体的腹部，如有少许白色的精液流出且遇水散开表明成熟度比较好。

三、亲鱼的选择与配比

（一）亲鱼的选择

罗非鱼苗种的质量关键在于亲鱼品种的纯度与遗传基因是否变异。因此，为了保证优良性状得以延续，遗传给子代，首先应保证所选的亲鱼种质来路清楚，具有较高的纯合度，即要选择纯种亲鱼。一般可根据它们的性状特征、体色进行选择。尼罗罗非鱼和奥利亚罗非鱼的主要特征是:尼罗罗非鱼体色为黄棕色,体侧有 9 条垂直黑色条纹,背鳍和尾鳍末端为缘为黑色,尾鳍上有明显的黑色垂直条纹 9～10 条,腹鳍和臀鳍为灰色。奥利亚罗非鱼体色为蓝紫灰色,体侧有 9～10 条垂直黑色条纹,背鳍和尾鳍末端边缘为红色,尾鳍上有许多淡黄色斑点,但不形成垂直条纹,腹鳍和臀鳍为暗蓝色。

同一批次繁殖的亲鱼最好来自同一群体中生长快、个体大的,要求体型好,体质健壮,背高肉厚、鳞片完整、色泽光亮、斑纹清晰,其外部形态应符合分类学标准。雄性罗非鱼的体重一般为 300～500 克为宜,而雌鱼体重相对要小一些。因此,所选个体越大越好,个体越大怀卵量就越多。亲鱼的使用年限为 5 年以下,最佳生产年限为第二、第三年,在此阶段亲鱼产卵批次最多,产卵量最大,孵化率高,苗种健壮。

选择亲鱼一般每年选 2 次,亲鱼进越冬池时选 1 次,越冬后移入繁殖池时选 1 次。此外,还要注意亲鱼的饲养条件。以低温越冬,常温下养殖的为好。高温恒温下养殖,往往会引起亲鱼退化,后代生长减慢,性成熟规格变小。

(二)雌雄配组

亲鱼放养密度以雌鱼为准进行计算。根据雌鱼的大小,每平方米可以放 1～2 尾。一般每亩放养 250～500 克/尾的雌性亲鱼 600～750 尾。我国目前养殖的几种罗非鱼都是雌鱼口孵型鱼类,有雌体护幼的行为特点。而雄鱼则是完成一次交配以后就会离开,寻找别的雌鱼交配时尽量减少或避免近亲交配。而且雄鱼在繁殖季节比较凶猛,数量过多常常会因为争夺领地而发生斗殴,使鱼体受伤。同时雄鱼过多还会吞食刚孵化出膜的鱼苗。通常生产上放养亲鱼时,雌、雄亲鱼的配比要适当,一般以 3∶1 配 4∶1 较好,雌鱼要多于雄鱼,获得的鱼苗较多。有时在雄鱼不够的情况下,雌雄比例可以适当提高一点。亲鱼选留的数量应根据生产鱼苗计划量再加上 15%～20%,以确保翌年苗种生产的顺利进行。如果按雌雄 3∶1 配组,则雄亲鱼为 200～250 尾。亲鱼个体为 150～200 克/尾的,每亩可放养 1 000 尾左右。

罗非鱼有同种与异种间交配的现象,其中更倾向于同种交配。同品种亲鱼交配雄雌比例为 1∶(3~4),异种比例为 1∶3 或 2∶5。同种交配的产卵批次、孵化率、获苗量要比异种交配高 30% 以上。

选育过程应采用单养疏放,分批筛选、专人负责的方法。培育池鱼种放养量为每亩 1 000~1 500 尾;当饲养至 100 克时进行第一次筛选,选留率为 50%;养至 250 克时进行第二次筛选,选留率为 60%;养至 500 克时,进行第三次筛选,选留率为 70%,此后应实行雌雄亲鱼分塘培育。

四、亲鱼培育和繁殖方法

(一)亲鱼放养

一般选择 1~2 亩的池塘,在放养亲鱼前半个月进行清塘,池水深控制在 80~100 厘米,每亩施粪肥、绿肥各 500 千克,使池水透明度保持在 25 厘米左右。当池塘水温达到较为稳定的 20℃ 以上时,就可投放亲鱼入池,每亩可放亲鱼 600~800 尾。亲鱼放养时间随各地的气候而不同。具体放养时间要根据当地的气温、水温而定。只要水温稳定在 18℃ 以上,就可以将亲鱼放到繁殖池。在长江流域,4 月初,池塘水温为 15~16℃,而在加盖塑料大棚的鱼池中,水温一般能维持在 21℃ 以上,完全能适合罗非鱼繁殖的要求。因此,将越冬亲鱼于 4 月初放入塑料大棚的鱼池中,能达到提早繁殖的目的。广东、福建地区 3 月中下旬放养,北方地区 5 月上中旬放养。放养亲鱼要选择晴朗无风的天气进行,并且一次放养为好,可使亲鱼产卵时间集中,出苗一致,有利于苗种培育。亲鱼放养时应进行鱼体浸浴消毒,可用盐度为 3%~5% 的食盐溶液浸浴 5 分,或高锰酸钾 20 毫克/升(20℃)浸浴 20~30 分,或 30 毫克/升聚维酮碘(1% 有效碘)浸浴 5 分下池。运输操作要轻快,尽量减少鱼体损伤。亲鱼入池后,用 0.3 毫克/升浓度的二氧化氯全池泼洒消毒,预防亲鱼伤口感染和水霉病的发生。

(二)亲鱼培育

亲鱼经过越冬后,一般体质较弱,性腺发育差,必须加强培育,以便实现早产卵、早得苗。亲鱼移入繁殖池后,要经常施肥和投饵。施肥要掌握量少次多的原则,一般每隔5~6天每亩施发酵的粪肥100~200千克或绿肥200~300千克。天气晴朗,水质清瘦,鱼活动正常,可适当多施肥,否则少施或不施,以控制水质中等肥度。如水质过肥,应停止施肥,并立即加注新水或增氧,防止亲鱼浮头造成吐卵、吐苗。

为促使亲鱼性腺发育,每天还要投喂人工饲料1~2次。常用的饲料有豆饼、花生饼、菜饼、米糠、麸皮、玉米粉等,最好将几种饲料混合使用,不要长期喂单一的饲料,也可以投喂配合饲料。投饵量一般为池鱼总重量的3%~5%,投喂后鱼很快吃完,可适当增加投喂量,否则少喂或停喂。

当前,我国进行罗非鱼鱼苗繁殖的方式通常有两种:温水提前繁殖与常温繁殖。其中温水繁殖可分流水式和静水保温式两种。

1. 温流水繁殖

温流水繁殖池通常以东西向为主,长方形,泥土或水泥结构,水池面积可视温水流量大小、温度高低确定,一般面积以1~2亩为宜,若面积太大,由于自然散热,池水温度难以维持均衡。平均水深1~1.2米。池边设有浅滩。为了保持池水温度适宜,每池应埋设30厘米直径的水泥进水管1~2个,排水管1个,其内径应大于进水管总内径的30%左右,以保持水源的流动性。

静水保温繁殖池的结构、面积与温流水繁殖池相同。可加设增氧机促进池水流动,防止水质恶化。在气温较低的季节,繁殖池上要用塑料薄膜覆盖保温,力求使池水温度保持在25~30℃,促使罗非鱼的早期繁殖。

以上两种繁殖方法各有特点,温流水繁殖主要是因地制宜综合利用能源,人为地创造适合于罗非鱼繁殖的小气候,提早繁殖鱼苗。一般可在4月底5月初获得鱼苗,从而延长了生长期,提高了商品鱼的单产、规格和质量。由于池水不断流动,水中溶氧维持较高水平,亲鱼放养密度可成倍增加,单位面积产苗量也相应提高。但温流水池由于天然饵料贫乏,如果不适当投喂人工饵料,则不利于未达到性成熟亲鱼的性腺正常发育,客观上就会出现雄鱼、孵出时间较长的鱼苗吞食初孵出的鱼苗的现象。

静水保温繁殖池既可提早促使亲鱼产卵、孵苗,又可多产,且鱼苗体质优良。因此,在有条件的地方可以采用。如用有覆盖的越冬池,引进温排水、锅炉废热水,或用蒸汽加热进行静水提早繁殖,在4月底5月初可获鱼苗。但这种方式基建设备投资大,管理要求高。如能利用原有越冬池,采用温泉、工厂余热水等能源,同时结合增氧,增加投放亲鱼数量,将会极大地降低成本。

2. 常温繁殖

是当气温上升从而导致水温上升到适宜罗非鱼繁殖的孵育方法。常温繁殖池面积以 1~3 亩为宜,水深应在 1.5 米以上;东西向圆形或长方形,向阳、避风,池底较平坦,淤泥不宜过多。

常温池繁殖鱼苗,由于是在自然温度上升到罗非鱼适宜繁殖时才可获得鱼苗,这时一般要在 6 月上中旬,因而繁殖出的鱼苗养成食用鱼的生长期较短,个体规格较小,商品价值也较低。因此,在不具备罗非鱼越冬的地区,不采取这种方式获取晚苗,而更倾向于在温水地区购买早苗。

(三)亲鱼产卵

亲鱼放养后,当水温上升到 22℃ 以上时,便开始陆续产卵、出苗。这时应经常巡塘,观察亲鱼的活动,掌握亲鱼产卵日期和出苗情况。水温在 20℃ 左右时,亲鱼便开始发情,常见到雄鱼在池边浅水处用口衔泥挖窝。挖窝时雄鱼做垂直姿势,张口用力咬起池底泥土,喷落在窝的周围,如此重复几次,挖成一个浅圆锅形的产卵窝。这时雄鱼常常引诱性成熟的雌鱼进窝配对,不久雌鱼产卵,雄鱼立即排精,卵子受精后,雌鱼立即将卵吸入口中产孵化。在水温 25℃ 时,约过 15 天就可见到池边水面上有一小群一小群游动的鱼苗,这时就要及时捞苗。

(四)捞苗

当幼苗从雌鱼口腔吐出后,集群在池边游动,随着鱼苗的生长,活动能力增强,就向池水深处活动,以后逐步长成为瓜子片、夏花。尼罗罗非鱼在幼苗阶段有互相残食的习性。体长 1.5 厘米的鱼苗,已能吞食刚离开母体的幼苗。曾有报道说一尾体长约 6 厘米的鱼种消化道内竟有幼苗 13 尾。因此,要及时采苗,提高获苗率。一般在早晨或傍晚鱼苗较多的时间进行。比较好的捞苗方法是用小拖网,顺塘四周捕捞。它操作轻快,不需下水,可以多次捕捞,获苗量高,鱼苗不易受伤,也不会因下水而影响亲鱼杂交繁殖。捞出的鱼苗先放在网箱内暂养,待捞到一定数量后,即可过数放入培育池中进行苗种培育。鱼苗过数一般采取抽样计数法,即选择有代表性的一杯计数,然后进行计算。总尾数 = 杯数 × 每杯尾数。

五、繁殖生产过程中的注意事项

1. 水温

亲鱼从越冬池转移到繁殖池的时候,水温差别不宜过大、最好水温相同,并在出池前 3 天停料、加注新水。过池时操作一定要小心,减少鱼体受伤,因一般这个时期的水温都不高、亲鱼伤口极易患水霉病,移池时要选择晴朗天气,进行消毒后才放入繁殖池。由于早期气温偏低,气候变化剧烈,保温亲鱼池应重点做好塑料大棚的覆盖保温和通风换气工作。气温低时,薄膜要盖严,覆盖时间长;气温逐渐升高,覆盖时间要减少,通风露气时间加长,揭开面积扩大。一般晚上和低温时段封严,晴天中午高温时段要尽量揭大面积,亲鱼池内外充分曝气,将二氧化碳、氨氮、硫化氢等有害气体尽快挥发、扩散。当气温升至正常,应尽早揭掉薄膜。这样可迅速改善水体环境,减少亲鱼因环境因素导致的鱼病。

2. 水质

水质是决定鱼苗产量多少十分关键的因素。水质不能过肥也不能过瘦,过肥亲鱼极易缺氧浮头,过瘦不利于培育亲鱼与幼苗的饵料。定期使用生石灰进行消毒,在高温季节经常注入新水,添加一些微生物制剂改善水质,增加溶氧。亲鱼网箱池日常管理除正常的投喂、换水和增氧外,重点应加强水质监控和鱼病预防工作。应购置必备的水质监测设备,每天定时测定各口池塘的溶氧、氨氮、硝酸盐和亚硝酸盐、pH、硫化氢、碱度和硬度等理化指标,看是否超标。若超标,应及时施放水质改良剂或微生态制剂来改善环境。这样可大大减少鱼病的发生,并让亲鱼始终在一个正常良好的水环境中产卵繁殖。平时要注意观察亲鱼摄食活动情况,每天专人巡池,及时发现异常情况。发现有不健康的病鱼,立即肉眼观察和镜检,迅速查明病因,及时治疗,在疾病初发阶段,就把它控制住,并彻底治愈。

3.饵料

饵料是影响鱼苗产量的另一个关键因素。作为亲鱼的饵料,一定要达到强化培育的质量要求,而且要十分清楚饲料中所含的各种成分,注意营养均衡,亲鱼只有吸收到足够的蛋白能量,才能缩短产苗间隔期,增加产苗次数,提高出苗率。

4.雌、雄鱼分开饲养

罗非鱼在夏季高温期间出现停止产苗或减少产苗等现象,幼苗极难收集,此时可将雌雄亲鱼分开,进行分塘培育,待温度降低后,再进行配对产苗,这样有利于苗种培育以及越冬,缩短产苗间隔期,增加产苗次数,提高出苗率。

5.避免鱼苗损伤

刚离开雌鱼不久的鱼苗体质脆弱,操作不当会导致死亡。因此,捕捞的工具应用柔软的网布制作,同时捕捞鱼苗时动作要轻、巧、稳,尤其是当捞网中有泥沙时,应慢慢地用手击水将网池中鱼苗驱赶到网的另一边,然后将泥沙清除,泥沙量大时,可细心反复多次。

6.防止缺氧死苗

捞苗时收集鱼苗常见的方法是每人随身携带一个水盆,收集每次捞起的鱼苗,随着水盆中鱼苗密度的不断增大,往往会因缺氧而导致盆中鱼苗死亡,尤其是高温天气。可采取以下技术措施:一是经常更换盆中的水;二是随身携带一小瓶增氧剂,一旦发现鱼苗浮头就及时投放,同时将盆中的水轻轻摇摆;三是在捞苗池内装一张40目纱绢布制成的长2米,宽0.7米的小口网箱,将捞取的鱼苗少量多次移入网箱,捞苗结束时才清洗网箱并将鱼苗搬运到吊水池网中。这样既减小了劳动强度,又避免了鱼苗因缺氧而死亡。

7.亲鱼的搬池

鱼苗捞取受天气、池塘条件、人为因素的限制,一段时间后亲鱼池中难免会出现一定量的粗苗,这些粗苗会吞吃刚孵出的鱼花,如不及时清除,会影响当年的产苗量。其方法是将亲鱼重新移至别的制种池,由于亲鱼产后体质较弱,搬运时一定要小心,每次搬运亲鱼的装载量不要过大,高温天气或阴雨天不宜进行。

8. 管理

罗非鱼有大鱼苗吃小鱼苗的习性,2～3 厘米的幼鱼就能捕食刚脱离亲鱼的鱼苗,因此需每隔 10～15 天用网捕出捞苗时存塘的大鱼苗。目前罗非鱼人工繁殖还未成功,只能依靠罗非鱼自然繁殖获得苗种。当水温稳定在 18℃ 以上时,将雌、雄鱼按 3:1 比例放入产卵池。该鱼在水温 20℃ 时开始筑巢,为生育做准备,产卵水温在 25℃ 以上。受精卵在水温 26～30℃ 条件下孵化,约 5 天出膜,15 天后离开母口自行生活。因为罗非鱼性周期短,繁殖快,雌性比雄性生长慢,进行单雄性罗非鱼生产可避免养殖中罗非鱼过度繁殖,获得生长快、个体大、规格整齐、产量高的商品鱼。严密观察亲鱼吃食和活动情况,发现异常现象和病情,要及时诊断、防治,以免病情加重或暴发。

第三节 苗种的培育技术

由于罗非鱼在一个生殖季节里可产几次卵,如尼罗罗非鱼在 5～9 月一般可产 3～4 次卵,因而孵出的苗种有早期苗种和中晚期苗种。不同时期的鱼种在当年成长的规格大小不一,为充分发挥罗非鱼在一个生长期内的生产潜力,各期苗种培育有一些不同的特点。

一、苗种池的选择和清整

每年繁殖季节,应根据预期产苗量的多少,准备 2 个或多个鱼种池,用于培育刚离开母体口腔的鱼苗。鱼种培育池无特殊要求,可以用池塘、水泥池或网箱,面积可大可小,水深最好为 1.5 米左右。有良好的水源,进水、排水方便,水质肥度适合,饲料生物丰富,每个池塘有其相对独立的进排水系统。池子底部要求平坦,易于拉网操作。池内没有水草生长,保水性好,不漏水,每口池子依据面积大小及放养量配备增氧机 1～3 台。如采用网箱培育,多采用封闭浮动式网箱,高度一般为 1.5～2 米,体积为 10～30 米^3,设置水域水深以 3～5 米为最适宜,应设置于水域背风处。由于尼罗罗非鱼稚鱼喜群集池边浅水处,应在池堤边正常水位下 4～5 厘米处修建一条宽 25 厘米左右、略向外倾的浅水斜坡,供稚鱼栖息,同时也有利于捞苗时操作。

苗种放养前,苗种池必须进行清整消毒,池塘清塘消毒的目的是杀死野杂鱼和有害生物,以确保鱼苗的健康成长,提高鱼苗培育的成活率。一般在冬季或早春排干池水,挖去过多的淤泥,保证淤泥厚度控制在 14～20 厘米。将池底平整,修补池埂和漏洞、底部、进排水等系统,清除杂草。采用池塘培育时,放苗前 10 天干塘,生石灰清塘,3～4 天后放水 70～80 厘米深,放苗前 4～5 天,每亩施发酵的粪肥 400～500 千克,或绿肥 400 千克。

二、苗种培育方式

苗种池同池鱼苗要规格整齐,以免产生大苗吞食小苗的现象。放苗时,从亲鱼产卵池捞取已独立生活 1 周的鱼苗。捞苗一般选在早晨或傍晚鱼苗集群游动时进行。放养密度为 3 万～5 万尾/亩,最多不超过 8 万尾。以豆浆为开口饲料,每亩用黄豆 1.5～2 千克。鱼苗长至 2 厘米以上后,应增喂糠饼或菜籽饼。当水体透明度低于 25 厘米时,应加注新水,每次 15 厘米左右,整个培育期加水 3～5 次,培育 30 天左右至 5 厘米以上即可疏塘。改放养密度为 7 000 尾/亩,培育至 100 克。投喂人工配合饲料,每天投 3 次,每天的投饵量为鱼体重的 3%～4%。在水温 25℃左右,经 15～20 天培育,幼苗可长至体重 1 克左右,这时可出池转入成鱼池塘饲养;也在原产卵池育苗,达一定规格后再转入成鱼池。

刚从繁殖池捞出的鱼苗体质嫩弱,须暂养几天以后再移池培育。温水池捞出的早繁鱼苗必须暂养到 18℃以上时,再移池培育。暂养时可利用空闲的亲鱼或鱼种的越冬池,也可以另建暂养池。暂养池面积不宜过大,一般在 100 米^2 以内,早春须覆盖保温,或以热水管、加热器升温。温流水池中天然饵料少,鱼苗难以获得足够的饵料,一般不宜使用。鱼苗在暂养期间,要加强管理。在进入暂养池前将鱼苗严格过筛,不同规格的鱼苗要分别暂养。

(一)早期苗种培育

为了充分利用适温季节快速培育苗种,以延长罗非鱼的生长期,夺取高产,早期培育苗种的关键在于保温、稀养、培育丰盛的浮游动物及合理投喂饵料。

(二)中晚期苗种培育

当年培育的中晚期苗种,一般是供第二年养成商品鱼用的鱼种。经越冬后的鱼种,由于能在适宜生长期内充分生长,所以一般养成的商品鱼规格大,产量高,产值大,肉味更美,更受消费者欢迎。

三、施基肥

清塘后,鱼苗下塘前 7~9 天,先向池内加注新水 60~70 厘米,加水时要用密网过滤,防止野杂鱼和有害生物进入鱼种培育池。然后施放基肥,培肥水质,使从鱼苗从下塘开始就有丰富的天然食物。

四、鱼苗的放养

鱼苗放养的密度一般以每亩 6 万~8 万尾,经 20~25 天的培育达到 3~5 厘米的鱼苗。然后进一步分疏至每亩 3 万尾的密度。培育至年底可育成 100 克/尾的大规格鱼种。或将 4~5 厘米的鱼苗按每亩 1 万尾的密度放养,年底也可育成 100 克/尾的大规格鱼种。

放养鱼苗时必须注意以下几点:①每个池塘中放入的鱼苗应为同一批繁殖的鱼苗。②池塘内如有蛙卵、蝌蚪或野杂鱼等有害生物,要用网或药物去除。③待清塘药物毒力消失后方可放入鱼苗。检查药物毒性是否消失的方法通常是在池塘内放一只水网箱,放数十尾鱼苗于网箱内,半天后若鱼苗行动正常,表示药物毒性已经消失,可放入全部鱼苗。④鱼苗下塘时,要在池塘上风向阳处,且放苗时动作要轻缓,将鱼苗慢慢倒入水中。⑤放苗时,运输鱼苗水温与培育池水温差不超过正负 2℃。事先在池塘上风处搭建一个鱼苗网箱,鱼苗下塘前一律放入网箱中暂养。待鱼苗活动稳定后,以每 10 万尾用一个煮熟的鸡蛋黄投喂,饱食后即可打开网箱放苗。饱食下塘可加强鱼苗对新环境的适应能力和觅食能力,提高成活率。

五、日常管理

1. 巡塘

每天早、晚各巡塘 1 次,观察鱼苗的活动情况和水质变化,以便决定投饲量、施肥量和是否加注新水。检查池塘埂有无漏水和逃鱼现象。及时捞出蛙卵、蝌蚪以及死鱼,清除杂草等。

2. 锻炼和出塘

鱼苗经过 20 ~ 25 天的培育,长到 3 ~ 5 厘米时就可以出塘,转入大塘进行食用鱼饲养阶段。鱼种出塘前一天停止投喂,出塘时要进行拉网锻炼,以增强鱼种的体质,并能经受操作和运输。锻炼的方法是选择晴天上午 9 点以后拉网,但避免在烈日下开网操作。将鱼在网箱中密集 3 ~ 4 小时后,即可过数出塘。出塘时要用鱼筛筛出不合规格的鱼种,放回原池继续培育几天再出塘。

拉网锻炼时要注意,拉网前要清除水草和青苔,阴雨天或鱼浮头时不宜拉网锻炼,以免造成鱼苗死亡,操作要轻巧、细致。

3. 投饵

尼罗罗非鱼抢食性强,人工投喂糊状饲料时,要特别注意投饵均匀,使苗种都能适量吃食而均衡生长。7 月下旬以前放养的鱼苗,可采取"促两头抑中间"的方法培养,即从鱼苗下塘起就加强饲养,到全长 3 厘米时,可减少投饲量,控制其生长。到 9 月中旬前后起再适当增投饲料,以增强其体质,这样有利于越冬。8 月下旬前后放养的鱼苗,应稀养、强化培育,才能达到所要求的规格。

另外,当鱼苗生长到 1.5 厘米时,如有条件可添喂部分瓢莎、草浆等青饲料。饲养过程中要防止水质老化并发生严重浮头。必要时,要安装增氧机。

六、苗种培育过程中的注意事项

第一,亲鱼的放养密度主要受水体溶氧和水体交换量控制。亲鱼繁殖时,水中溶氧要保证在 3 毫克/升以上。另外,氨氮含量也不能过高,否则会导致亲鱼吐卵、吐苗。若是温流水池配组,密度可高一些,当进水量为 0.2 米³/秒,每平方米放亲鱼 4 ~ 5 尾,进水量为

0.3 米^3/秒时,结合增氧措施,每平方米可放 6~7 尾。常温池塘,若装有增氧机,每平方米可放亲鱼 4~5 尾;如无增氧设备,密度减至 1~1.5 尾/米^2。

第二,亲鱼放养雌雄性比为 3∶1。过多的雄鱼会导致亲鱼因争夺地盘而发生斗殴,受伤,雄鱼过多还会吞食刚孵出的鱼苗。

第三,水温适温范围为 24~32℃,临界温度为 20~38℃;水体透明度为 20~30 厘米;碱度应控制为 50~150 毫克/升;硬度为 50~150 毫克/升;pH 适宜范围为 6.5~8.5,最适范围为 7.0~8.5;氨氮浓度 0.27~0.80 毫克/升,最高不超过 3 毫克/升;硝酸盐浓度 200~300 毫克/升,过高,表明池水有机物过多,有缺氧的危险;亚硝酸盐浓度 ≤0.1 毫克/升,过高会引起罗非鱼褐血病,可通过撒食盐解决;硫化氢对鱼有很强的毒性,正常要求检测不出;二氧化碳浓度 ≤50 毫克/升。

第六章　成鱼的健康养殖技术

罗非鱼的年生长期很短,通常只有 160～200 天。因其具有生长快、食物杂(饲料来源广)、抗逆性强、繁殖快、肉质好、易养殖、产量高,既适合于淡水、半咸水和海水养殖,又适合采用池塘、网箱、水库河道、湖泊、工厂化循环水方式养殖等一系列优点,是一种较为理想的养殖鱼类,因而受到世界各国的重视。在国际市场上,罗非鱼已经被认为是可替代鳕鱼、鲑鱼的"白色三文鱼",目前已有 80 多个国家和地区在养殖罗非鱼。在我国,罗非鱼的养殖也比较广泛,是许多地方渔民及养殖场增收的主要养殖品种之一。

近 30 年来,我国罗非鱼的养殖技术发展迅速,养殖模式也逐渐由粗放养殖向集约化、工厂化养殖方向发展,年总产量逐年增长,现已位居世界首位。目前我国罗非鱼主要的养殖方式有池塘养殖、网箱养殖、稻田养殖、围涂塘和海水养殖技术等多种类型,每一种都具有各自的养殖优势与特点,其中应用最为广泛的是池塘养殖。

第一节　池塘养殖

池塘养殖罗非鱼效益较高而成本较低,劳动力消耗少,饲养管理简便。罗非鱼在池塘养殖条件下主要有单独饲养和与其他鱼类混合饲养两种方式。其中多种鱼类混合养殖是提高池塘养鱼单位产量和综合效益的重要技术措施。混合养殖是在同一池塘中放养摄食方式、食物组成和栖息水层不同的鱼类,以充分利用池塘的水体空间和天然饵料生物以及人工饲料。在确定混养鱼类的种类搭配时,应尽量避免或减少在食性和栖息水层上的种间矛盾,即分别把栖息于水体上层、中层的种类与底层的种类、滤食浮游生物及有机碎屑的种类与吞食游泳生物及底栖动物的种类,通过科学合理搭配混养在同一池塘中。如以罗非鱼为主要养殖品种,搭配养殖草鱼、鲢鱼和鳙鱼等鱼类;或者罗非鱼作为其他鱼类如草鱼、鲢鱼和鳙鱼养殖池塘中的搭配养殖品种。由于尼罗罗非鱼能摄食鲢鱼不易消化的蓝绿藻类,并能摄食其他鱼吃剩的残饵和排出的粪便。因此,提高了肥料、饲料的利用率,还可以改善水质、减少鱼病发生,因而有利于池塘养鱼增产增收。在自然养殖条件下,长江流域的罗非鱼一般有 5～6 个月的生长期,而在我国南方地区却有 6～8 个月,有的个别地方甚至全年都可以生长。只要充分利用生长期,合理放养,加强施肥、投饲管理,鱼种当年就可以养成商品鱼出售。

一、池塘的建造与清整

1.地形的选择
罗非鱼成鱼养殖池塘地形的选择不应片面追求平坦开阔而占用大量良田,应尽可能选用贫瘠的土地、山谷荒丘等地开挖池塘。

2.水源和水质
四季水源要充足,无论江河、湖泊、水库、涌泉或地下水,一般只要未受污染均可作为水源使用。选择水源时,还应从工程设施方面加以考虑,利用河流或小溪作为水源,要考虑是否需要筑坝拦水;用雨水作为水源,要考虑蓄水建筑;利用多沙的水流作为水源,要考虑沉沙排淤设施等。要充分了解当地的水文、气象、地形、土质等有关情况,结合各季节养鱼生产需要和进排水措施,进行供水量核计,使不同生产阶段都有足够的水量供给成鱼养殖。池塘还应有良好的水源,进水、排水方便。水质要肥,水中饵料生物丰富,才能获得满意的养殖效果。

3. 土质和底质

一般饲养罗非鱼的土质以壤土和沙壤土为好。因其具备很好的吸附性,保水、保肥力强、透气性好,饵料生物生长好,养分不易流失,利于有机物分解,池水不渗漏。黏土也可以挖鱼池,其保水、保肥力强,但容易板结,透气性差,不利于有机物分解,容易造成池底缺氧,在水质肥度的培养和操作管理上都不如壤土及沙壤土。沙土渗水性大,保水力太差,而且容易崩塌,不适建造池塘。

4. 面积和深度

罗非鱼商品鱼养殖池塘的面积以 6～8 亩为宜,池塘面积过小,水环境不稳定,不利于物质循环;过大不便于进行生产操作。池塘水深以 1.5～3.0 米为宜。太深,捕捞、干塘不便;过浅,水温变化大,对罗非鱼生长不利。

5. 形状和周围环境

养殖罗非鱼的池塘(图 6-1)一般无特殊要求。应保证不漏水、

图 6-1　罗非鱼养殖池塘

不太阴僻、无污染的池塘。甚至其他鱼类难以生存、有机物含量很高的池塘也可以利用。池塘形状应整齐有规则,最好呈东西向的长方形,以便于操作管理,且接受日照时间较长。池塘的长宽比例为2∶1或3∶1。同类池塘的宽度应统一,以便于网具建设和拉网操作。池底要平坦。

6.修整鱼池

秋后排干塘水,通过冻结、干燥和暴晒,以清除病菌和敌害生物并改良土质;清除杂草、杂物,挖去过多淤泥,平整池底,修补池边,加固堤埂,疏通注水、排水渠道,设置拦鱼栅等。

7.药物清塘

最好使用生石灰清塘。

8.注水和施基肥

清塘后7天左右,待药物毒性消失,可注入新水深0.5~1.0米,施基肥培养浮游生物等饵料生物。罗非鱼种入池后,随水温升高和鱼体长大,逐步加水至最大深度。

二、鱼种放养

1.鱼种规格

池塘养殖食用鱼的鱼种规格与单位计划产量、养殖周期等密切相关。在通常情况下,单位计划产量高、养殖周期短的食用鱼,放养的鱼种规格就应大一些。同时还应根据各地区气候特点、生长期的长短、放养密度、单季饲养还是轮养以及是否套养大规格鱼种等多种因素进行综合考虑。另外,适当增大鱼种放养规格,不仅可以保证和提高食用鱼的出塘规格,而且也是提高单位鱼产量的必要措施。

罗非鱼种有隔年越冬鱼种,也有当年早期、中期繁殖的鱼苗快速培育的鱼种。越冬鱼种一般规格较大(体重30~50克/尾),入池后就能快速生长,虽然鱼苗越冬技术要求较高,成本相对也要高一些,但上市时的商品鱼规格大,价格也高。如果放养密度合适,年底出塘时的规格能达到500~600克/尾,有时甚至可达到800克/尾。但由于越冬成本高,技术上要求较高,因而数量有限。一般每年提早繁殖的罗非鱼苗种(体长在5厘米以上)在合理放养、科学管理的养殖条件下,当年年底出塘时也可以达到 300～500 克/尾。上述两种罗非鱼苗种养成的食用鱼虽然商品价值高,但数量有限,而 5～8 月生产的苗种虽然数量多,成本较低,但由于鱼种规格偏小(一般体长 3～4 厘米/尾),生长周期短,养到当年年底时,一般只有 100～200 克/尾,商品价值相对较低。也可按当地苗种生产和来源的可能条件,因地制宜地采用合理的鱼种规格和适当的养殖方式放养,以求获得好的经济效益。另外,为了尽量减少鱼类相互残食现象的发生,在一个池塘中一般要求饲养同一规格的罗非鱼苗种。

2. 放养密度

鱼种的放养密度直接影响食用鱼的出塘规格和单位鱼产量,通常包含各类鱼种的总放养量和每种鱼的放养量。鱼种的适宜放养密度与放养模式及层次、养殖周期、鱼种规格及其搭配的合理程度、计划出塘规格及单位产量、池塘条件、饲料质量、机械化程度和养殖技术水平等诸多因素有关。放养密度要根据池塘条件,同一池内各种鱼的总量,希望达到的出池规格,技术水平和肥料、饲料等综合因素而定。合理的放养密度,应是在保证达到食用鱼规格和鱼种预期规格的前提下,能获得最高产量的密度。生产实践和科学实验证明,在保证食用鱼出塘规格的情况下,一定的密度范围内单位鱼产量随鱼种放养密度的增加而相应提高,但当密度过大时,不仅出塘规格急剧下降,单位面积鱼产量也会下降。单养模式中每亩放养 6～10 厘米的过冬罗非鱼种 1 500～2 000 尾/亩,3～5 厘米的夏花鱼种 2 000～2 500尾/亩。1.5～2 厘米的鱼苗,则一般放养 4 000～5 000 尾/亩。放养的鱼种要求规格整齐,健壮无伤无病。而混养模式中主养罗非鱼的池塘可按照“80∶20”的养殖模式,适当搭配一定量的草鱼、鲢鱼、鳙鱼,可充分利用水体,净化水质;同时必须混养一些凶猛性鱼类,如乌鳢、大口鲶等,可有效控制罗非鱼繁殖过度的状况,降低饵料系数,提高经济效益。当投放规格 4.0 厘米以上的罗非鱼苗时,可以同时投放大规格的花鲢 40 尾,白鲢 30 尾,也可搭配少量的鲤鱼、鲫鱼等。鱼种下塘,尤其是较小规格的鱼种初下塘时,往往游动缓慢而群集,易被草鱼、鲤鱼等撕咬或吞食。可采取先用饲料将青鱼、草鱼、鲤鱼引上食场,在远离食场处投放罗非鱼种,这样可以提高成活率。

如果放养的罗非鱼种没有做单性处理,在放养罗非鱼苗 3~4 个月后,还可以再放养 7~10 厘米的乌鳢苗 50~100 尾,目的是控制罗非鱼繁殖的子代。否则,繁殖过剩的鱼苗不仅争食,而且影响池塘的密度,使池鱼生长受到抑制。

3. 放养时间

罗非鱼在自然条件下生长的水温不能低于 18℃,要待水温稳定在 18℃ 以上,才可以放养鱼种。若放养过早,因水温低,容易造成死亡;放养过迟,缩短了生长期,影响出塘规格和鱼产量。因此,在放养鱼种时,必须掌握好适当的时机。北方要推迟,南方可适当提早。当年的鱼苗,无论是早期、中期苗,都要坚持养成体长 4.0 厘米以上,并力争在月底前放养,越早越好。这样对环境有较强的适应能力,从而保证有较高的成活率。

4. 施肥与投饵

罗非鱼是以吃植物性饵料为主的杂食性鱼类,池塘养殖中采取施肥与投饵相结合的养殖方式,可取得满意的生产效果。

单养罗非鱼的池塘,放养前施放底肥,每亩施粪肥或绿肥 300 千克,鱼种入池后每隔 2 天追肥 1 次,每亩施肥量 150 千克左右,或每周 1 次,每亩施肥 200 千克左右。罗非鱼喜肥水、耐低氧,养殖池的水质可比家鱼池肥一些。投喂饼、麸或配合饲料,上午、下午各喂 1 次。5 月时水温低,鱼种刚下塘时应少喂,7~9 月水温高,鱼食欲旺盛,应多喂。混养罗非鱼的成鱼塘,要求水质肥沃,透明度在 25~30 厘米,要经常看水追肥。密度较高的高产塘在高温季节宜以化肥为主。

三、饲养管理

饲料在整个养殖生产全过程中,占其饲养成本的 70% 以上,饲料质量直接影响着养殖中的饲料系数与饲料利用率。饲料系数是指鱼体每增加一单位重量所消耗的饲料量。饲料利用率又称饲料转换率,即每单位重量的饲料能转换成鱼体重的百分比,用以证明饲料的养鱼效果。由此可见,饲养中应根据其不同生长阶段对营养的要求,选择不同的饵料,最好投喂全价人工配合饲料,达到饲料营养全面、新鲜、不变质,确保罗非鱼产品质量安全,符合无公害水产品生产要求。

　　饲养前期,每天按鱼体重的 3% ~10% 分 3 次投喂。中期、后期则按鱼体重的 1% 和 3% 分 2 次投喂。投喂时采取"定时、定质、定量、定点"与坚持"前慢、中快、后慢"的投料技巧。但在投喂过程中必须遵循看鱼投料的原则,即不吃不投,少吃不投,多吃按规定量投,保证有 70% ~80% 的鱼食饱,离开食场就可停止投料。同时,还要根据季节与天气变化情况、生长情况、水质变化等调整投喂量,不同的品种其投喂方法也有差异,如在高温期,尤其是天气突变时,罗非鱼就应减少或停止投料,即使正常投料也应坚持少量多餐的做法。总之,科学投料是池塘精养的关键环节之一。因为在养殖过程中,投料所需的时间最长,也最枯燥,而饲料成本又是养殖成本中比例最大的一项。因此,做好这项工作是节约成本、提高效益的最重要的工作,也是控制水质,预防鱼病的有效手段。

　　日常管理就是整个生产技术的实际操作过程。为此要做到细心,每天早、晚要巡塘,日间结合投饲注意观察鱼类的摄食和池鱼活动情况,经常检测鱼池各类理化因子的变化情况并做好记录。观察鱼的吃食情况和水质变化,要经常测定水温、透明度、pH、溶氧等水质条件,以便决定投饲和施肥的数量。每隔 10 ~ 15 天随机抽样 1 次,准确地估算出鱼的生长与池塘鱼总量,为日投饵量提供科学的依据。发现池鱼浮头严重,要及时加注新水或增氧改善水质。如有鱼死亡,应及时将池中死鱼捞起深埋,以保持水质清新。在养殖过程中,一定要保持水质的稳定性,换水时不要大排大灌,要少换多次,塘水和新水不要有太大的差异,通常每 10 ~ 15 天注水 1 次,每次深 15 ~ 20 厘米。在高温季节可视情况增加注水次数,同时定期喷撒生石灰,使池水保持"肥、活、嫩、爽",透明度在 30 厘米深左右,防止水体老化。另外,可在池塘配备增氧机。正常溶氧应保持在 3 毫克/升以上,虽然罗非鱼可耐低氧至 1 毫克/升以下,但是它对低溶氧非常敏感,当水中溶氧低于 2.5 毫克/升时,罗非鱼就开始浮头,长时间的浮头不但影响其摄食、消化、生长,还很容易引起疾病发生。暴风雨季节,发现毁坏的池坝要及时加固维修。日常管理工作较繁杂,要求管理人员主要做好水质控制、科学饲喂饲料,预防鱼病等工作,同时做好防渗、防逃、防敌害、防浮头工作,特别是养殖吉富罗非鱼品种的养殖户,一定要注意增氧机的正常运行工作。

养殖实例

奥尼罗非鱼是热带鱼类,适宜生长的温度高,一般池塘常温下难以越冬保种,导致越冬鱼苗价格高。为了不用购买价格高的越冬鱼种来养殖,减少鱼种费用开支,最佳方法是养殖当年繁殖出的奥尼罗非鱼苗,广西平南县水产养殖场于 2010 年 5 月 16 日购回 4 月繁育出的体长 2.5 ~ 3.0 厘米的奥尼罗非鱼苗 2 500 尾,放进 2 亩的池塘主养,取得了较好的养殖效果。现将技术总结如下:

一、池塘条件

1. 池塘选择

养殖池塘面积 2 亩,水深 1.4 ~ 1.7 米,池塘四周塘基用片石砌成,底部平坦,水质较肥沃,无污染。

2. 池塘的清整和施肥

放养鱼苗前半个月将池塘水放到 10 厘米左右深时,用 150 千克生石灰水溶后趁热连水带渣全塘均匀泼洒,杀灭池塘内的鱼虾、细菌等。泼洒生石灰后 2 天注水到水深 50 厘米,5 天后施猪粪 300 千克,鱼苗下塘前 2 天注水至 80 厘米深。

二、鱼种培育

1. 鱼苗来源

奥尼罗非鱼苗为广西水产研究所培育,4 月繁殖的鱼苗,培育至体长 2.5 ~ 3.0 厘米。

2. 放养情况

放养的奥尼罗非鱼苗及混养的异育银鲫、建鲤鱼苗于

5月15日晚起运,5月16日早上到达塘边投放。把经长途运输回的鱼苗,连同鱼苗袋一起放进鱼塘的水中浸泡30分后,沿塘基外1米左右的地方解开鱼苗袋口贴紧水面,把鱼苗缓缓倒进水中让其游走。

3. 饲养管理

(1)施肥　因为奥尼罗非鱼、异育银鲫、建鲤在鱼苗阶段都以浮游动物为主食,所以为保持池塘水体的肥度,采取多次少量的施肥方法,每隔7～10天施经堆沤发酵过的猪粪1次,以补充水的肥度,促进浮游生物的繁殖,满足鱼幼体阶段摄食的需要。施肥量根据天气、水质肥瘦而灵活掌握,每次施肥量80～120千克。施肥方法是选择晴天的上午,将堆沤发酵过的猪粪向池四周施放。随着鱼体的逐渐长大,施肥的次数及施肥量相应减少。

(2)投饲　鱼苗下塘2天后每天投喂用水浸溶的花生饼1.5千克,7天后随着鱼体的长大,逐渐增加花生饼的投喂量,一般每隔3天增加花生饼0.5千克。投喂方法是把浸溶的花生饼沿塘边水面均匀撒布。鱼苗下塘20天后开始投喂含蛋白质30%的罗非鱼种配合颗粒饲料,投饲率为7%～8%。每天投喂2次,第一次为上午8～9点,第二次为下午4～5点。

(3)日常管理　坚持勤巡塘,及时捞除蛙卵、蝌蚪、水生昆虫。每隔10天充水1次,每次充水10～15厘米深,每隔15天泼洒生石灰20千克。

三、成鱼养殖

1. 放养混养鱼种

购回的奥尼罗非鱼苗经50天培育后进入成鱼养殖阶段。此时再投放15～20厘米长的鲢鱼、鳙鱼种各100尾。

2. 投饲

罗非鱼进入成鱼养殖阶段停止施肥,此时开始投喂含蛋白质28%的罗非鱼成鱼配合颗粒饲料。每天投喂2次,第一次在上午8~9点,第二次在下午4~5点,投饲量根据鱼的生长、水质和天气情况灵活增减,投饲率为3%~6%。

3. 水质管理

逐渐加水到最高水位后,在池塘安装1台0.75千瓦的叶轮式增氧机。在7月中旬至11月上旬,根据天气、水温和水的肥瘦而灵活掌握每天开增氧机时间,每天开机3~5小时,一般凌晨开机,早上6~7点关机,晴天日出的中午开机1小时。

4. 鱼病防治

每天早晚巡塘观察鱼的摄食、活动情况,每隔15天泼洒生石灰25千克,消毒改良水质,在整个养殖期内从未发生过鱼病。

四、收获

从11月中旬开始捕鱼,把尾重达到0.5千克以上的奥尼罗非鱼陆续捕捞上市,到12月上旬干塘捕净。奥尼罗非鱼产量占总产量的73.2%。

五、经济效益

整个养殖时间内,共施放粪肥1 000千克,投喂花生饼50千克,罗非鱼种配合颗粒饲料160千克,成鱼罗非鱼配合颗粒饲料2 120千克,平均饲料系数为1.49。总产值9 816.4元,总成本6 719元,其中苗种费281元、饲(肥)料费4 645元、人工费1 000元、塘租费500元、电费210元、其他83元。利润3 097.4元、亩利润1 548.7元。投入产出比1∶1.46。

第二节　网箱养殖

因罗非鱼不耐低温并难捕捞,因此,相当一部分大型水体,如外荡、湖泊、水库不宜直接放养。但在这些大水体中开展网箱养殖(图6-2),无论是养鱼种,还是养成鱼都是可行的。

图6-2　网箱养殖罗非鱼

网箱养鱼成为水产养殖业迅速发展起来的一个新分支,它是利用大水体的良好生态环境与优越的自然条件,在保证高密度养殖环境中鱼类不会受到敌害和风浪袭击的情况下,结合小水体密放精养措施实现高产的一种高密度精养鱼类的科学养殖模式。鱼类被限制在纤维网片或金属网片组成的箱体内,通过网箱内外水流的不断交换,受鱼类自身排泄物耗氧的影响小,在网箱内形成一个稳定的适合鱼类生长发育的小生态环境。因此,即使鱼群处于高密度的情况下也不会使水质恶化。同时,氧气和天然饵料供应充足,鱼类的摄食效应大,而且鱼类在网箱中的运动强度减少,耗能也相对减少,不但能提高饵料的利用率,还能促进鱼体的增长,缩短生长周期,降低生产成本。

由于罗非鱼是杂食性鱼类,它既能滤食水中浮游生物和有机碎屑,又能刮食附着生物和捕捉吞食各种适口的幼小生物或人工饲料。罗非鱼适于网箱养殖,它能适应网箱的高密度生活,抗病力强,还能摄食网箱壁上的附着藻类,可以起到"清箱"的作用,在生产中很受欢迎。罗非鱼网箱养殖具有流水、密放、精养、高产、灵活、简便等优点,已成为罗非鱼成鱼养鱼的主要方式之一,并普遍受到重视。网箱的形状、大小和排列形式与罗非鱼的产量密切相关。实践证明,在网箱中养殖罗非鱼,不但可以增加产量,提供优质食用鱼,保证了箱内外水体畅通,有利于箱内鱼的生长,减轻刷洗箱体的劳动强度,并完全克服了罗非鱼难以捕捞的弊端。

一、网箱设置的水域选择

第一,要背风向阳,水面宽阔,日照条件好,水质肥沃,浮游生物多的湖泊、库湾或 100 亩以上的池塘。

第二,水温在 18~32℃,且养殖水体的水温变化速度较慢。罗非鱼的摄食旺盛,呼吸加强,代谢速率加快,生长速度快。一般保持水体中的溶氧在 7~8 毫克/升,为了保证网箱水体中的溶氧能满足罗非鱼的生长要求,主要改善网箱内外的水体交换条件以及网箱放置的密度。如果水域中的溶氧在 5 毫克/升以下,不宜放置网箱养殖罗非鱼。

第三,有一定的微流水,水的流速以 0.05~0.2 米/秒为宜。水深在 4~5 米,水深不足 3 米的地方,因其不利于网箱内残饵、代谢物以及粪便的排出而影响水质,所以不宜设置网箱。底质平坦,网箱底部离水底至少 1 米。

第四,选择离岸不远、环境安静、水量充足、水位终年变化不大、不易受洪水影响、没有污染的水域。

二、网箱的结构与设置

1. 网箱的结构

一般网箱是由箱体、框架、浮子、沉子、锚石和固定装置等部分组成。箱体是网箱的主要组成部分,它是用聚乙烯线编结成网片后,再由墙网和底网缝制成不同形状和规格的长方形或正方形的箱体,根据需要可以加盖网以防逃出。其他常用的网箱材料还有尼龙线,金属片等。网箱面积一般为 20~60 米^2,深 1.5~2 米。框架一般选用竹子或树木,安装在箱体上纲处用以维持网箱的形状,使其具有一定的养鱼空间,同时还要具有一定的浮力,以保持网箱上纲露出水面。为了增加浮力,可以在网箱的四个角上安装浮球或浮桶。浮子安装在框架上或墙网上以保证网箱浮于水面,常用的浮子有塑料泡沫、密闭的塑料桶或金属桶和汽油桶等。浮子一般采用表面光滑的瓷块、石头、砖块、水泥块等。也有的采用金属浮子,安装在网箱底网的四周,与浮子一起保证网箱充分展开。固定装置包括锚和锚绳等,用于网箱的固定。锚有铁锚(10~25 千克/个)或混凝土块(30~40 千克/个)等。锚绳可以利用聚乙烯绳或钢绳(直径 8~10 毫米)等,其长度应超过水深的 3 倍。

2. 网箱的制作

(1)网箱的形状和大小 网箱可以是长方形、正方形、多边形或者是圆形,但以长方形和正方形居多。网箱的规格大小也不一样,有大型网箱,面积为 60 米^2 以上(如 9 米×9 米);中型网箱,面积为 30~60 米^2(如 8 米×6 米、7 米×7 米);小型网箱,面积在 30 米^2 以下(如 4 米×4 米,4 米×3 米)。应根据当地的实际情况,选取不同规格的网箱。实践证明在相同的水体环境中,虽然小型网箱的造价高,但其生产能力大,单位产量高,而且容易管理,起鱼方便,抗风浪能力强,易于迁移。可以在湖泊水库的不同大小水面、不同水深的条件下进行养殖,也可以在较大池塘中进行养殖。

网箱的高度一般为 2~3 米。敞口浮动式网箱要在框架四周加上防逃鱼的拦网;敞口固定式网箱,箱体的水上部分应高出水面 0.5 米以上,以防逃鱼。

(2)网目大小的选择 网目的大小要根据所放鱼种规格来确定,要以不逃鱼、节约材料、降低成本、网箱内外水体交换率高为原则。在罗非鱼养殖过程中,要根据鱼体的生长情况适时改用相应网目大小的网箱,以充分利用网箱的生产效能,保证罗非鱼的快速生长。依据生产经验,计算罗非鱼养殖所用网箱网目大小的公式为:网目大小(厘米) < 2 × 0.16 × 罗非鱼体长(厘米)。如奥尼罗非鱼鱼种进箱规格平均为 8 ~ 10 厘米时,可选网目为 2.4 ~ 3.2 厘米的网箱。

3. 网箱的设置

网箱在水中的设置方式主要是根据当地水体条件、水质状况以及操作管理和经济效益等多个方面进行设置,既要保证箱体内外水体的正常交换,有利于罗非鱼的快速生长,获得较好的经济利润,又要确保饲养管理的方便,各网箱比较集中。网箱的设置主要有浮动式、固定式和下沉式 3 种,各地应根据当地具体条件,因地制宜地选用。目前,我国罗非鱼养殖主要选用的是封闭式浮动网箱养殖方式。浮动式网箱抗拒风浪能力较差,因此采用封闭式网箱为宜。而固定式网箱由于不能移动,不便检修操作。此外,鱼的粪便、残饵分解对网箱的水体污染较大,往往造成溶氧较低的生态环境,一般情况下很少采用。

浮动式网箱可以根据水位的变化自动升降,其有效容积不会因水位的变化而变化。浮动式网箱的固定方式可以利用锚绳系紧单个网箱的一角,另一端固定于锚上;也可以是多个网箱以一定距离串联成一排,两端分别钳定。网箱的排列可采用"品"字形、"梅花"形或"人"字形,使之相互错开,利于网箱内外水体的交换。前一种网箱的排列不宜过密,在水面较开阔的水域,网箱之间距离保持 5 米以上。虽然可以自由飘动,但抗风浪的能力小。后一种方式中的网箱间距不少于 3 米,各排之间的距离不少于 30 米;也可以在木材、竹子或其他材料编造而成的浮排的两侧对称地并联多个网箱,各网箱间距不少于 2 米,各排之间的距离不少于 15 米。

固定式网箱与浮动式网箱类似,主要区别在于固定的方法上,它通常为敞口式,四个角固定在装有滑轮或铁环的桩上,可以通过调节滑轮上锚绳的长度或铁环的位置来调节网箱在水中的位置。适合在水位比较稳定,且水深一般不超过 5 米的湖泊中,但可以经受较强的风浪。养殖过程中网箱入水深度一般不轻易调动,具有操作简单、管理容易、抗风浪能力强、成本低的优点,但由于不随水位的变化而升降,有时箱体内的水体会因为水位的下降而变少,影响鱼类的生长。下沉式网箱整个箱体浸没在水中,网箱的有效容积不受水位变化的影响,而且网箱上的附着生物相对较少,但饲养管理不便,一般罗非鱼养殖较少用。

网箱设置的深度,一般不超过 3 米,因浮游生物的分布,在 2 米以内的水层中占 58.7%,而 2 ~ 4.2 米占 41.3%,特别是透明度小的水体,浮游植物最丰富,而浮游动物数量在 2 ~ 3 米水深处密度最大。所以,凡水质肥、浮游植物丰富的水域,网箱应设置在较浅水层。另外,由于水体都有一定的承载能力,一旦超出水体的负荷,会引起养殖区域水体水质富营养化,或者水体严重被污染,破坏养殖生态环境,鱼类生长速度下降,从而导致鱼产量的大幅下降或鱼类的大量死亡。网箱的密度要根据水域本身的水流情况、水质肥度、溶氧量高低而定。若水流动好,肥度适中,溶氧高则可以多设置网箱,反之则少。一般在水库湖泊中饲喂罗非鱼等鱼类时,网箱的总面积应小于水域总面积的 0.25%。因此,应根据当地水域的具体情况和养殖管理水平,选择合适的网箱设置密度。

三、鱼种放养

1. 鱼种的准备和进箱

罗非鱼网箱养殖所需的鱼种数量大,要求质量高。鱼种的来源除了池塘培育的鱼种外,还可以利用网箱培育的鱼种,其体质健壮、规格整齐,而且已经适应了网箱的生长环境,进箱后成活率高,生长快,产量相对较高。

网箱在鱼种进箱前一个星期左右入水安装好。鱼种进箱前最好要经过 2 ~ 3 次捆箱锻炼,以适应密集网箱环境,并采取药物浸洗消毒,以预防疾病。可用 2% ~ 4% 食盐水或 1% ~ 2% 碳酸氢钠水浸泡 5 分,或用 20 克/吨的高锰酸钾溶液,在水温 20℃ 左右浸洗 10 ~ 15 分。然后过筛、过数,按规格分箱放养。

2. 鱼种的放养时间

罗非鱼适宜的生长水温为 20 ~ 32℃,各地放养时间要根据当地气温、水温而定。在适宜的生长水温期内,应争取早进箱,以延长其生长期,提高商品鱼规格和产量。长江流域一般在 4 月底 5 月初水温已达 20℃ 以上,即可放养。广东、广西、海南等地 3 月底即可放养罗非鱼种。

3.鱼种放养的规格

放养罗非鱼种的大小必须基于在有限的生长期内保证足够群体产量,而个体达到最佳商品规格。从生产中看,网箱养殖罗非鱼入箱规格用夏花是不可取的,从夏花养成成鱼虽然从增肉倍数看是大的,但商品鱼绝对增重过小,经济效益不高,因此,不可能获得高产高效。如选用50克/尾以上的冬片养成成鱼,出箱规格虽大,经济效益相对也高,但是对生产单位来说,种子来源有困难,越冬单位从经济核算上也是不划算的,因此生产单位大规格推广饲养有困难。而且规格越大,运输难度也大。故认为选择20~30克/尾规格的鱼种饲养,不论从出箱商品规格还是增肉倍数和市场需求都是较理想的。如果无法获得上述规格的冬片鱼种,也只能放养当年早繁的规格必须在10克/尾以上的夏花鱼种,且出箱规格最多为200克/尾左右。

4.鱼种放养密度

放养密度对个体的生长影响很大,被认为是决定鱼类生长的基本因素,也是构成群体产量的重要因素。一般来讲,提高鱼种放养密度是提高产量的措施之一。在适宜的放养密度范围内,单位水体的放养密度大小与产量成正比,合理的高密度放养可以增加养殖的经济效益。但由于水体环境条件包括天然饵料的差异、饲养管理技术的高低、网箱的形状和面积大小不同等,对放养密度很难有一个统一的标准。因此,必须参照以往成功的经验,通过生产实践,才能获得适合当地的放养密度。放养密度过低,不能充分利用网箱空间,增加了成本,经济效益低;放养密度过大,超出网箱的最大承载量,影响鱼的生长,提高了饲料系数。其中影响放养密度的关键因素就是水体中的溶氧量。据有关单位的试验,罗非鱼网箱养殖水中的溶氧不应低于3毫克/升,通常应保持在5毫克/升以上为宜。当溶氧量较高、水质肥沃时,可以适当增加放养量。

四、饲养管理

当前在全国各地开展的网箱养罗非鱼,多是投喂人工配合饲料,饲养效果好。投喂的数量随箱中鱼体重增加和水温上升而增加。其投饵率,一般是幼鱼阶段高,其他阶段低一些。罗非鱼刚入箱时,箱内载鱼量少,且此时鱼体较小,如投喂颗粒饲料,投饵率一般为4% ~5%,随着罗非鱼的加速生长,投饵率掌握在4%左右,每天投喂由2次增加到3次。当水温上升到罗非鱼最佳生长温度时,是其快速生长期,对饵料的利用率较高,应每天投喂1次草料,颗粒饲料的日投饵率可控制在3% ~4%,此时箱内载鱼量日增,投饵时应次多量少,每天投喂增加到4次,每天可增喂1次浮萍或草浆。

因罗非鱼种在鱼池培养阶段就习惯密集抢食,所以进箱后一般很快就能适应。投饵量的确定是根据进箱鱼种数、预计生长速度、产量、饵料系数及各月水温变化情况制定出饲料分配表。同时依鱼体大小、水温和饲料而定日投饵率。具体投饵时,还必须密切观察每箱鱼的摄食情况、强度,判断其饱食程度,随时增减调整实际投饵量。网箱养鱼的成败,很大程度上取决于管理。一定要有专人尽职尽责管理网箱,实行岗位责任制,制定出切实可行的网箱管理制度,提高管理人员的责任心,加强检查,及时发现问题和解决问题。

第一,要经常巡视,观察鱼的动态,有无鱼病的发生和异常,检查了解鱼的摄食情况和清除残饵。

第二,鱼病流行季节要坚持定期以药物预防和对食物、食场消毒。如发现死鱼和严重病鱼,要立即捞出,并分析原因,及时采取治疗措施。

第三,要保持网箱清洁,使水体交换畅通。注意清除挂在网箱上的杂草、污物。防止有毒污水流入,避免引起鱼中毒而造成大批死亡。

第四,定期检查网箱是否有破损,特别要检查网底有无漏洞,缝合处是否牢固,防止逃鱼。

第五,汛期及大风期间,要加固设备,日夜防守。

第六,定期检查鱼体,做好网箱饲养日志。通过检查,随时掌握鱼的生长情况,不仅可为投饲提供依据,而且为产量估计准备了资料。一般要求1个月或更短一些时间检查1次,分析存在的问题,及时采取相应措施。

养殖实例

北京市水产技术推广站于 2006 年与美国大豆协会合作开展了罗非鱼小网养殖箱试验,取得了良好的试验结果。

1. 养殖水域条件

网箱放置在水流平稳、水面较开阔、水体交换好、无污染源影响的 1 000 亩水库中,水库透明度深为 80 厘米,选择避风、向阳、安静的水域设置网箱,设置水域枯水期最低水深不低于 7.0 米,网箱底部与水底距离保持在 3.0 米以上。

2. 网箱规格与设置

网箱规格为 1 米×1 米×1 米、2 米×2 米×1 米,各 3 口,网目大小以网箱内罗非鱼不能逃逸为度。为使网箱内外水体能得到充分的交换,各网箱组间距不小于 4 米,网箱与网箱间保持一箱的距离。使用毛竹为网箱框架,采用"非"字形排列方式,以增加网箱的水体通透性。

3. 鱼种放养

放养鱼种选择雄性率高、生长快的吉富罗非鱼,于 2006 年 6 月 13 日放养,规格整齐,体表黏液丰富,无病灶,体质健康,活力强,规格为 50 克/尾。鱼种入箱前用 5% 食盐溶液浸浴 5 分,放养密度为 400 尾/米^2,共放养鱼种 6 000 尾。

4. 投喂

使用美国大豆协会提供配方生产的 32/6(蛋白质含量 32%,脂肪含量 6%)浮性饲料,根据天气和鱼的吃食情况,每天投喂 2~3 次,投喂量 1.5%~3%。

5. 结果

养殖所用饲料和鱼均符合生产绿色食品要求,按照罗

非鱼养殖规范管理,经过 117 天养殖至 2006 年 10 月 10 日全部收获结束,总获商品鱼 9 416 千克,养殖成活率分别为 96% 和 83%,平均规格 628.2 克,每平方效益分别为 487.4 元和 261.8 元,饲料系数 1.16~1.37。

第三节　稻田养殖

　　稻田养殖技术是根据水稻和鱼类生长发育所要求的生态环境,通过对稻田的改造,采取相应的技术和措施,建成既适合水稻的栽培耕种,同时又能满足鱼类养殖的一种特殊类型的生态系统,有机地把水稻种植业和淡水养殖业结合起来,从而提高稻田总体经济效益的一种生产应用技术,见图 6-3。稻田中的空间、水质、饵料、温度等条件有利于罗非鱼生长发育的需要。在稻田养鱼实践中,人们称为"稻田养鱼,鱼养稻"。在整个生态系统中,稻田水体较浅,空气中的氧气较容易溶入水中,而且稻田中植物的光合作用可以释放大量的

图 6-3　稻田养殖罗非鱼

氧气,水中的溶氧等气体组成与特点,在某种程度上更适合罗非鱼的生长发育。稻田中的丝状藻类、水生植物、底栖生物特别是摇蚊幼虫、寡毛类以及圆虫类等较多,是罗非鱼很好的饵料来源。鱼类充分发挥了有利于水稻生长发育的重要作用,稻田中的杂草、底栖生物和浮游生物对水稻来说都是争肥的,罗非鱼属于杂食性的鱼类,不仅可以以这些生物作为饵料,消除了争肥对象,而且鱼粪还为水稻提供了优质肥,鱼类钻泥松土,又加速肥料的分解,促进了稻谷生长,从而达到鱼稻双丰收的目的。水稻也为鱼类等水产动物创造了水质清爽、饵料丰富的优异生态环境,其结果是稻鱼共生互利,增加了稻谷产量,一般每亩能增产稻谷 10% 以上,为人类提供了优质的粮食和动物蛋白。我国是世界上最早利用稻田进行养鱼的国家,稻田养鱼历史悠久,现已成为我国淡水养殖重要的组成部分。稻鱼共生生态系统见图 6-4。

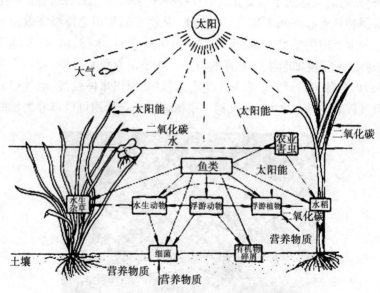

图 6-4　稻鱼共生生态系统

一、稻田的选择与建设

一般水源充足、雨季水多不漫田、旱季水少不干涸、排灌方便、无有毒污水和低温冷浸水流入,水质适当,土质肥沃,保水力强,土壤中性或偏碱性稻田养殖罗非鱼较好。适合养鱼稻田的水稻选择标准为:产量较高,米质好,耐水淹,不易倒伏;茎秆高而硬,株型紧凑,生长期长;耐肥,抗病性强的品种。

1. 田埂

在4月整田时,必须将田埂加高加宽,并打紧夯实,不能漏水。同时可防止黄鳝、泥鳅、鼠类等钻洞,造成漏水逃鱼。田埂是鱼类防逃的重要设备之一。

2. 鱼沟、鱼溜

为了保证鱼类在晒田、打农药和施化肥期间的安全生长,养鱼稻田必须开挖鱼沟和鱼溜,且沟、溜应相通。早稻田一般在秧苗返青后,在田的四周开挖,叫环沟或围沟。晚稻田一般在插秧前挖好,可以依实际情况在田中间挖沟。鱼溜的位置可以挖在田角上,最好把进水口也设在鱼溜处。整块田不能因为挖鱼沟、鱼溜而减栽秧苗的株数,做到秧苗减行不减株。挖鱼沟、鱼溜时,将秧苗移植到鱼沟、鱼溜的两旁,不妨碍鱼的进出。沿田埂周围的鱼沟,在靠田埂预留下一行秧棵之内开挖,以便在预留的一行秧棵间加插秧苗,密植成篱笆状,既可为鱼遮阴,又弥补了挖鱼沟时占用的面积,还可防止溢水时鱼外逃。

3. 开挖进水口、排水口和设置拦鱼设备

在进水口、排水口要设置拦鱼设备,用竹、木或网制作,以防鱼溯水外逃。安装拦鱼设备,要求高出田埂30～50厘米,下部插入泥中,要牢固结实,没有漏洞。经常清理拦鱼设施,慎防堵塞。

4. 避暑棚

稻田水位较浅,夏季水温可高达40℃,影响鱼类正常生活。因此,在鱼溜的西南侧搭设遮阳棚,遮挡阳光直射,防止水温过高,以竹木为架,高1.5米,棚上覆稻草帘。如鱼溜在田埂一侧,则可种植丝瓜、扁豆、南瓜等爬蔓植物,代替草帘遮挡阳光。

二、稻田养鱼的方式

我国稻田养殖罗非鱼的方式因各地的地理位置和相关的气候类型各异,通常稻田养鱼方式有两种:

1. 平板式

平板式又称鱼沟式、鱼溜式,是南北方普遍采用的传统稻田养鱼结构方式。

2. 垄稻沟鱼式

即起垄种稻、沟里养殖罗非鱼,是改造低产田的先进方式,以增加稻田土壤与空气的接触面积,实行浸润灌溉,加大水体面积,增加渔获量。

三、鱼种放养

鱼种放养的时间、规格大小、密养是保证稻鱼双丰收的关键所在,如果处理不当,反而可能导致减产。如是当年繁殖的鱼苗,水温条件适宜时,应力争早放,一般在插秧后 4～5 天,此时会出现轮虫等浮游动物的生长高峰期,为罗非鱼苗提供适口饵料,有利于提高鱼苗的成活率,使生长发育迅速。如果是隔年较大规格的越冬鱼种不宜过早,在插秧后 20 天左右秧苗返青扎根后即可放养。鱼种放养的规格与水稻的生长情况密切相关。当水稻秧根未扎稳时,不能放养规格较大的鱼种。

四、饲养管理

稻田养罗非鱼是以稻为主、养鱼为辅的生产活动,管理得好,可以鱼稻双丰收。主要应注意如下几点:

1. 投饵

稻田养殖罗非鱼也需要进行人工投饵,由于稻田中杂草和昆虫等天然饲料较多以及放养数量少,所以日投饵量也略少于池塘养殖。

2. 管水

水的管理,是稻田养鱼过程中的重要一环,应以稻为主,让稻浅水分蘖。在插秧后,鱼种放养初期,由于鱼种放养时间不长,个体不大,池水宜浅。20 天以后,禾苗分蘖基本结束,鱼也渐渐长大。这时,可以加深田水至 5～7 厘米,随着禾苗的生长,可以加深到 10 厘米,这对控制秧苗无效分蘖和鱼的成长都有好处。晚稻田控水,因插晚稻时气温高,必须加深田水,以免秧苗晒死,这对鱼稻都是有利的。总之,在整个稻田养罗非鱼期间,要始终保持既不影响水稻生长,又适合养鱼的水位。

3. 转田

双季稻养鱼的转田工作,也是稻田养鱼的重要一环。早稻收割到晚稻插秧期间进行犁田、耙田,这些农活往往会造成一部分鱼死亡,为了避免这种损失,必须做好转田工作。转田时应发挥鱼沟、鱼溜的作用,就是在收割早稻前缓慢放水,让鱼沿着鱼沟游到鱼溜里来。或者把稻谷带水割完,打水谷,然后将鱼通过鱼沟集中到鱼溜中,用泥土暂时加高鱼溜四周,引入新鲜清水,使鱼溜变成一个暂养流水池,待犁耙田结束,再把鱼放入整个田中,然后插晚秧。这种方式有时也会造成部分鱼死亡。利用鱼沟、鱼溜,把鱼从早稻田转入小池塘中暂养,待插完晚秧后,再把鱼放入稻田,这种方法死鱼很少。

4. 防逃

要经常巡视检查田埂和进水口、排水口栏栅,注意漏溢和堵塞,做好防洪、排涝和防逃工作。

5. 诱虫喂鱼

利用昆虫的趋光性在鱼溜处安装高压黑光灯诱集昆虫喂鱼。诱虫时间很重要,一定要在鱼类等生长到能够吞食落在水中的昆虫时,才安装诱虫灯,否则,会危害水稻生长。安装灯具高度要合适,在高出稻田鱼溜高处 4 米处安小灯泡,将远处昆虫诱集来,在小灯泡下方(离水面 30 厘米左右)安大灯泡,将飞虫诱入水面,让鱼吃掉。一盏灯光一夜可诱虫 5～10 千克。

6. 防治

如发现养鱼稻田中有水鸟、水蛇、黄鳝、田鼠等,应及时除灭,注水时防止从进水口进入野杂鱼。插秧前,加入生石灰清除水稻害虫和鱼类的敌害(如水蛭)。鱼放养后,要严禁鸭子下田。

7. 施肥

养鱼稻田施肥是促进水稻增产的重要措施,也是稻田养鱼的有利条件,以农家肥为宜。对施基肥和农家肥,养鱼稻田并无特殊要求。施肥会培育出大量的浮游生物,这是罗非鱼最好的饵料生物。如果施用尿素、碳酸氢铵作追肥,应本着少量多次的原则,每次施半块田,并注意不要将化肥直接撒在鱼沟和鱼溜内。

8. 施药

稻田养鱼的水稻发病率有所下降,但不能完全避免发病,特别是细菌性病害(稻瘟病、纹枯病害)。因此,需要施农药,但绝大多数农药对水产动物都有毒害作用,必须实行科学施药和生物防治。稻田施药,只要处理得当,也不会对鱼产生影响。防治水稻病虫害,施用农药要选择选用高效、低毒、低残留、广谱、对鱼毒性较小的农药,注意每种药的常用浓度及安全浓度,在喷洒前要适量加深田水,以稀释落入水中农药的浓度。施农药时,实行稻田分块交错施药措施或将鱼引赶入鱼溜中。所施农药尽量喷洒在稻叶上,以免农药落水毒死鱼。

9. 晒田

水稻在生长发育过程中的需水情况是在变化的,特别是采用晒田的方法来抑制无效分蘖等。晒田前,要清理鱼沟、鱼溜,严防鱼沟里阻隔与淤塞。晒田时,沟内水深保持在 13 ~ 17 厘米。晒好田后,及时恢复原水位。尽可能不要晒得太久,以免鱼缺食太久影响生长。

五、收鱼

一般在收稻前几天先疏通鱼沟,然后慢慢放水,让鱼自动进入鱼溜里,用抄网将鱼捞起,最后顺着鱼沟检查一遍,捞起遗留在鱼溜或田间的鱼。稻田养殖的罗非鱼,收鱼不能太晚,一般在稻田水温 15 ~ 18℃时就要收鱼,否则就会冻死,很难起捕。

养殖实例

自 2008 年来我们在青旧县仁庄镇易天渔业股份有限公司开展了台湾红罗非鱼的稻田养殖试验,通过改造传统

的稻田,实现了稻谷不减产、亩均产台湾红罗非鱼194千克的成绩。现将技术介绍如下:

一、稻田的选择及其基础设施改善

选择水源充足、排放水方便的稻田,加高加厚田埂,采用修筑水泥护板(在原土埂内侧浇筑水泥护板0.6~0.7米),既可提升水位30~40厘米,又可有效防止鱼类逃逸。在田间一角挖1.5米左右深的暂养池,四周挖环沟,沟深0.8~1.0米、宽1.0~1.5米,坡比1:2。田间整平整细,在进水口、排水口处设置防逃设施。种稻前将田间环沟内水全部排干,用生石灰100克/米³水体,或漂白粉80~100克/米²水体对其进行消毒。

二、水稻的种植与管理

水稻丛间距0.4米×0.4米,丛插1~2株,水稻品种选用茎秆粗壮、分蘖力强、抗病害抗倒伏的杂交稻,如"中浙优1号""Ⅱ优6216"等品种,整个种植过程中提倡使用有机肥,尽量不使用化肥和农药。

三、鱼种放养

每年4月底5月初水温在22℃左右放养,养至10月捕捞商品鱼。每亩放养体重为70~94克的红罗非鱼鱼种700~900尾。

四、养殖管理

1. 饵料管理

因瓯江流域水田内水质清瘦,饵料生物贫乏,因此采用罗非鱼商品饲料投喂。投饵量前期按照鱼体重1.2%投喂,中期按照2%投喂,后期按照4.8%投喂。投喂期间可根据水质情况适当追加一些有机肥。投喂原则:天气晴朗多喂,雨天少喂;天气凉爽多喂,闷热雷雨少喂;鱼类活动正常多喂,缺氧浮头少喂;水质好、水色正常时多喂,水质恶化时少喂。

2. 水质管理

（1）保持适当的水位　水稻种植初期水位保持在 4 ~ 5 厘米，以利于水稻分蘖，随稻苗生长逐渐加深水位。春、秋两季水位保持在 10 ~ 15 厘米，夏季水位保持存 20 ~ 30 厘米。

（2）控制水流　控制适当的水流量，保证养殖水体溶氧充足和水温适宜，原则上 3 ~ 5 天换水 1 次。

（3）水质调节　肥水采用发酵后的有机肥，尽量不使用化肥。

3. 病害防治

每隔 20 ~ 30 天泼洒生石灰 1 次，用量 10 ~ 20 克/米^3 水体，每月投喂 1 次含氟苯尼考 0.01% ~ 0.03% 药饵，每次 3 ~ 5 天。

4. 日常管理

每天早、晚各巡田 1 次，查看防逃设施是否破损，堤坝进水、排水系统是否漏水，观察鱼摄食、活动情况，及时消除敌害生物，并做好记录。

五、收获

每年 10 月中旬至下旬排干田沟中的水捕捞红罗非鱼，切勿时间过晚，以免因温度过低而造成红罗非鱼死亡。经近 3 年的养殖试验，通过不断优化养殖环境，对稻、鱼种养比例不断调整，疏种水稻，合理放养红罗非鱼，收到了良好的经济效益，真正实现了稳粮增收、稻鱼双赢。

第四节　流水养殖

流水养鱼是在有水流交换的鱼池内进行高密度精养的方式，是我国传统的养殖技术。随着科学技术的快速发展,它与现代科学技术相互渗透、紧密结合从而形成了一种新的养殖方式,并逐渐向水产养殖业工厂化养鱼的方向发展。在具备自然落差的地区或厂矿,不需要动力提水,而且饲料来源广泛的情况下,技术条件较好的单位或企业进行机械化流水养殖的经济效益均较显著。因此,利用工厂余热水、温泉水、潮汐水以及其他具有自然落差的水利资源如水库、湖泊、河道、山溪、泉水等作为水源,进行流水养殖可以降低养殖成本,增加经济效益,是机械化、集约化流水养殖的发展方向。通过引流或设置截流设施等,使水不断地流经鱼池,或将排出水净化后再注入鱼池。由于水流起着输入溶氧和排出鱼类排泄物的作用,使饲养水体的水温、水质、溶氧、光照和饲料等条件处于最佳状态,为鱼类高密度精养创造了条件,从而实现鱼类的高密度、高产量养殖。

罗非鱼适合于高密度集约化养殖,是流水养殖的理想对象。流水饲养罗非鱼目前有以下几种类型:

1. 自然流水养殖方式

利用江河、湖泊、山泉和水库等天然水源,不经过加温增氧,直接引入鱼池,用过的水不再重复使用,见图6-5。

图6-5　自然流水养殖方式

2. 循环过滤水养殖方式

将鱼池排出的水,经过净化、增氧等处理后再注入鱼池内,反复循环使用。

3. 温流水养殖方式

利用工厂排出的废热水、温泉水等热力水源,经过简单处理,如降温或和其他冷水源混合调节至最佳温度,增氧后再注入鱼池使用,鱼池排出的水也不回收利用。其特点是水温可控,罗非鱼养殖不受季节的限制,而且产量高,效益显著。

流水养鱼的特点是池塘面积小,池水持续流动和交换,池水溶氧来源依靠流水带入或机械增氧,天然饵料生物少,鱼类营养完全来源于人工投饵,池水中鱼类排泄物等物质随水流及时排出,故水质较清新;放养对象为吞食性鱼类,种类较单纯,密度较大和产量较高。

养殖生产过程全部自动化、机械化的流水养鱼方式是目前流水养殖的最高级形式。它是利用现代科学技术和现代工业化设施装备起来的高度集约化养殖工艺,完全改变了养鱼受季节变化和地理位置限制的状况,实现了人工控制水质水温等养殖环境,优化各种生产条件,使得水产养殖业进入规模化、工业化生产,从而达到最高的经济效益。由于其水温可控,常年都能进行罗非鱼苗的繁殖、苗种的培育和成鱼的养殖,不仅是我国目前罗非鱼流水养殖的主要形式,也可作为罗非鱼大面积越冬保种、早繁和育种的基地,为池塘、网箱养殖提供罗非鱼苗种。

一、罗非鱼流水养殖类型

流水池饲养在饲养过程中池水不断更新,使饲养的鱼能够在最佳水温、水质、溶氧、光照、饵料等条件下生长,因此可以实现水面小、高密度、高产量。这些优点意味着流水养鱼在平原甚少的山区及地价昂贵的城镇都有广阔的发展前景。流水池饲养罗非鱼,与其他某些鱼类的饲养一样。目前正在生产使用或试验中的工业化养鱼装置大体可分下列几种类型:

1. 普通流水式

是利用江河、湖泊、山泉和水库等天然水源,不经过加温增氧,直接引入鱼池,用过的水不再重复使用。具有好管理、耗能少、投资少、收益好等优点。水流要求流速均匀,无死角,进水口、出水口设在鱼池的两端,其进水口高出池水面 0.5～1 米,出水口高出池底 0.5～0.6 米,以便保持池水具有一定深度。流水池的排列有串联式和并联式两种方式,其中串联式流水池的池与池之间进水口、排水口相连接,水中溶氧量会远远减少,而且容易传染疾病,单产较低。因此,串联的流水池数量不宜太多,一般不超过 3 个。并联式流水池的各池水系独立,池与池之间的进水口、出水口分开,不易传染疾病,单产较高。

2.温流水式

利用工厂排出的废热水、温泉水等热水源经过简单处理,如降温或和其他冷水源混合调节到最佳温度,增氧后再注入鱼池使用。鱼池排出的水也不回收利用。

3.循环过滤式

由于水域环境污染,养殖病害频发,越来越多的业内人士强调必须摆脱当前粗放经营型、资源依赖性的水产生产方式。因此,高效、节水、高密度、对环境污染小的循环水养殖方式日益引起关注。循环水养鱼是一种比较适合在水资源贫乏、水质污染较严重的国家和地区使用的一种资源节约型养殖方法,它不仅能利用流水养鱼高产的特点,又能将养殖用水回收经处理后多次利用,能高效地利用有限的水资源。循环水养殖系统的关键技术是水处理,核心是快速去除水溶性有害物和增氧技术。这种养殖方法集生物、化学、机械、电气、仪器和自动化等多种现代化科学和技术于一体,对整个流水养鱼过程中的关键因素如水流速度、水质状况、水温、溶氧以及饲料投喂等进行全程控制,让鱼类始终保持在最佳的生长条件下,有利促进鱼类的生长,从而提高鱼类的单位产量,达到增产增收的目的。

与开放式流水养鱼相比,循环养殖系统的 pH 较稳定,水质更好,而且不需要太多的人力资源,同时降低了成本。特别是循环养殖系统用水量少,对周围环境没有污染,同时也减少了外源水病原微生物的入侵。

二、鱼池设计

1.流水池

由于流水池高密度养殖水质要求比较严格,流水池的结构直接影响其生产力的高低。通常鱼池的形状多样,有圆形、正方形、长方形、多边形、环形池和河道形池等。其中圆形鱼池水流畅通,排污能力好,但土地利用率低。方形鱼池土地利用率高,造价低,但容易形成死角,排污能力差。池底的形状多呈锅底状或向一侧倾斜形成低凹,以利于集、排污口设置于此。流水池的大小不宜过大,应便于管理和捕捞,一般 30~120 米^2 时效果较好。

流水池进水系统通常包括主进水管道、进水口、拦鱼栅、闸门或闸阀等设施。水进入池时大多采用喷水式、淋水式或环抱式、半环抱式多管进水。这几种方式都能克服鱼顶水现象,而且结构不太复杂。装有的闸板或闸门可以控制进水流量达到 10~15 分更新 1 次的要求。

排水口、排污口有的设在池底中央(圆形池),有的设在进水口相对的池壁上(长方形池和椭圆形池)。水流要求在池面上能旋转后再从池底排出。排水口直径的大小考虑到排污的需要,一般要求在 5 分内就能排完 1 次。用闸板或阀门控制,其排污口要设有拦鱼栅,防止放水排污时池鱼外逃。

2. 污物利用池

流水养鱼池体积小,流水中难免有一些饵料流失。尽可能地利用流失饵料及鱼的排泄物,是降低成本,增加产量的一条有效措施。因此,建造一口污水、污物利用池十分必要。污物利用池接在总排水沟的后面,必须有一定的流程和面积,使残饵在污物利用池中有一定的停留时间。其池形可因地制宜。池水要进、排方便。一般可在污物利用池中可放养一些抗病力强、生长快、食性杂的鱼类,如鲤鱼、团头鲂、罗非鱼等。只要鱼种密度适当,在不投或少投饵的情况下也能获得相当可观的生产效果。

三、鱼种放养

流水池中的鱼种投放量虽然比普通鱼池高得多,但也不是无限的,也要受到多种因子的制约。须经过科学的计算,求出合理的放养密度。

罗非鱼商品鱼流水养殖与网箱养鱼基本一致,要求规格大且整齐、质量高的鱼种,其放养密度高,产量高,一般流水养殖罗非鱼以单养方式养殖。

1.放养规格

一般鱼种放养的规格以 25～50 克/尾较好,这样当年可以达到食用鱼规格。

2.放养时间

放养的时间以水温稳定在 20℃以上时较好,如果是温流水养殖罗非鱼,鱼种随时都可以下池放养。鱼种放养时应用 2% 食盐水浸泡 5～10 分进行消毒杀菌。

3.放养密度

养殖的密度是否合理同样决定着整个养殖的效益,流水池中的鱼种投放密度虽然比普通鱼池高很多,但也受多种因子的制约。养殖密度应依据水源、水质、基础设施和技术、管理水平以及鱼体的增重倍数、单位产量等多方面因素而定。流量大,溶氧高,可多放。池中载鱼量以能维持水中溶氧量在 3 毫克/升以上为宜。

四、饲养管理

循环过滤水养鱼的机械化、自动化程度较高,日常管理较为轻松,每天只要检查各个设备运行情况,各项预定指标的实际情况以及鱼类的摄食、活动、病害的发生情况等。每天投饲量的确定和饲料投喂是日常管理的主要工作,应根据鱼体的生长情况、摄食状况调整投饲量,以满足罗非鱼的生长需要。

由于水体较小且循环使用,放养密度大,如果不注意预防,病原体可能会不断增加,很容易引起疾病的发生,而且鱼病发生后传播速度快,不易控制。因此,应以预防为主,早发现,早治疗。

罗非鱼温流水养殖应注意做好以下几个方面的工作:

第一,鱼池的建设必须考虑水量的大小、水温的高低以及它们的周年变化;鱼池进水、排水的落差大小是否合适,一般在 2 米以上较好,可以建成多级鱼池进行分级饲养。除此之外,还要注意贮水调温池,进水、排水系统以及增氧设施等的建设。随着鱼体的长大,要逐步增加池水交换量,以保证池水溶氧充足,促使鱼迅速生长。依据进水、排水中的溶氧量和总氨氮等含量调节水流量。池水中一般溶氧应保持 4 毫克/升以上,出水口溶氧不低于 3 毫克/升;鱼池排水的总氨低于 1.5 毫克/升,亚硝态氮低于 0.1 毫克/升。一般以出水口处的溶氧不低于 3 毫克/升作为池水交换的依据。也可根据池鱼摄食情况调节水流量,在水温稳定情况下摄食下降,则应调大流量。流量控制在 4 个循环/24 小时。每次投饵完毕后 0.5~1 小时后迅速换水,换水量为 80% 左右。

第二,成鱼养殖池面积一般以 30~50 米² 为好,水源必须能内流,每小时水流量必须达到 100 米³ 以上,才足以获得较高产出。

第三,温流水的温度必须在适温范围内(一般为 20~35℃),最好在 28℃ 左右,溶氧必须保持在 3 毫克/升以上。

第四,罗非鱼群体生长迅速,大小分化明显,不能采用一次放足,一养到底的方法饲养,应进行分级饲养。根据生长及池水中溶氧状况,15~30 天调整 1 次放养密度与规格,以便使罗非鱼达到最好的生长状况和充分利用水池的容纳量。

第五,温流水养殖罗非鱼的关键技术是投喂营养全面的配合饲料,饲料中的蛋白质含量在 30% 以上为宜,成鱼养殖阶段的日投喂量一般为池中鱼体重量的 2.5%~3%,每天投喂 5~6 次。投饵量一般是根据池中鱼的总重量,求出每天投饵量。每天投喂 4~6 次,每次投饵 20~30 分,上午、下午各 2~3 次。饲料计划、投饵率及水温关系、投饵应变等可参考池塘养殖的有关部分。鱼的投饵量要酌情增减,并勤检查。影响投饵量的因素有水温、溶氧、鱼体大小和饲料质量等多种。每次投饵量仍要坚持"八分饱"的原则,以提高饲料利用率。一般在靠近水口处投饵。

第六,流水池中养罗非鱼,由于密度高,也时常发生鱼病,而且蔓延快,死亡率高,要及时治疗。定期用漂白粉全池杀菌消毒。

第七,流水池鱼的密度大,投饵量大,排泄的粪便、残饵等也多,消耗水中的氧,同时会积累氨等有害物质,不利于鱼类生长,必须及时排除。根据鱼的饲养密度及具体情况每天早、晚各排 1 次,注意清除池底和池壁污物要彻底。排污时可以加大流水量,排完后应恢复原来的流速。

养殖实例

罗非鱼是一种温水性鱼类,其生长水温的低温界限为16℃,而北方地区由于冬季气温较低,无法开展大面积养殖,所以市场处于供不应求的状态,价格一直保持在较高水平。2001 年 7 月至 2002 年 3 月,笔者在陕西省合阳县生态渔业科技示范园利用热水井进行了微流水养殖罗非鱼的试验。养殖周期 240 天,经干塘验收,亩产罗非鱼1 642 千克,亩均纯利润 4 936 元。试验初步探索出了北方地区温流水养殖罗非鱼的养殖模式,并取得了良好的经济效益,现将相关技术要点总结如下:

1. 池塘条件

试验使用 3 口微流水池,单池面积 3 亩,平均水深1.4 米。鱼池均为单独进水、排水,具备防逃设施。利用自喷热水井作为水源,水质符合渔业用水标准,溶氧量5.0 毫克/升,水温常年保持在31℃,冬季气温最低时微流水池水温能维持在22℃以上。另外,每池配 1 台 80 瓦半自动投饵机。

2. 准备工作

苗种放养前,池子加满水浸泡 1 周左右,然后排干池水,用生石灰消毒处理,每亩生石灰用量75～100 千克。3天后重新加水至标准水位。加水时使用普通池塘水,透明度为30～40 厘米,以保证罗非鱼夏花鱼种肥水下塘并能防止水鸟危害。

3. 苗种放养

由于微流水养鱼可全年生产,当年 6 月放养罗非鱼夏花,年底就能养成商品鱼。如果放养大规格鱼种,1 年可出两批商品鱼。微流水池水质一般偏瘦,所以宜采用单养模式。罗非鱼夏花的放养量控制在 8 000 ~ 8 500 尾/亩。如果放养大规格鱼种,则放养量为 3 000 ~ 4 000 尾/亩。鱼种入塘前应经过严格的消毒措施,可用 3% 浓度的食盐水溶液浸泡 5 ~ 10 分以达到消毒的目的。

4. 饲料投喂

(1)饲料

培育罗非鱼夏花鱼种期间使用商品颗粒饲料,饲料粗蛋白质含量 32% 左右;养殖中后期可以使用普通颗粒饲料,粗蛋白质含量 28% ~ 32%。

(2)投喂

正式投喂前须经过 1 周左右进行驯化,使其养成水面集中摄食的习惯,之后使用半自动投饵机投喂。微流水池放养密度大,应适当延长投喂时间,每次投喂应在 30 ~ 45 分之内完成。投喂过程中应遵循"快—慢"的原则,开始投喂时可将投饵机投料速度适当调快,约 15 分后(视鱼类吃食情况灵活掌握)调回正常速度,以保证鱼类均匀、快速生长,防止"两极分化"现象出现。此外,必须坚持"四定投喂法"。生长高峰期每天投喂量掌握在 6% ~ 8%,每天投喂 3 次。由于微流水池能够全年生产,因此冬季也要投喂饲料,但是要适当减少投喂量和投喂次数,每天投喂量 3% 左右,投喂 1 ~ 2 次。

5. 日常管理

由于微流水池的产量高,鱼类密度大,养殖风险高,因此必须保证鱼池 24 小时不间断供水。前期罗非鱼个体小,鱼池总体负载较小,水体交换量应控制在 1 次/天。随着鱼体增大,水温上升应增加水体交换次数。冬季气温、水温的下降,水体交换量可在 1.5 次/天,保持池水温度在 22℃ 以上。每天清理进水口、排水口附近的杂物,防止堵塞进水口、排水口的防逃挡板。坚持每天早晚巡塘,轮流值班,责任到人。定期测试水温、溶氧等情况,并做记录。

第五节　海水养殖

罗非鱼属广盐性鱼类,可以从淡水直接移入盐度为 1% 左右的海水中,超过这一盐度,会导致苗种死亡。罗非鱼系在淡水中生活,繁殖也是在淡水中进行的。但若采取逐步提高盐度的方法驯化鱼种,以使其慢慢适应养殖池的盐度环境,则可使其适应在较高盐度的海水中生活。我国浅海、滩涂很多,海边鱼塘均可进行罗非鱼养殖,见图 6-6。

图 6-6　海水养殖罗非鱼

驯化的盐度,一般可先将全长 1~2 厘米的罗非鱼苗放入盐度为 0.5% 左右的水体中暂养,然后每天使暂养池的盐度提高 0.3% 左右,直到接近养殖时的盐度才可以正式投入池内放养。也可在 1% 的盐度上暂养 7~10 天,再以 1% 的梯度分段驯化到养殖盐度。驯化前 2~3 天,即应停止饲喂,防止驯化时摄食和排便,并严防鱼体受伤,以免海水从口、肛门和伤口处进入鱼体,造成鱼体内部器官脱水而死亡。另外,因海水的 pH 较高,鱼的肠胃还不适应摄食高 pH 的食物,胃肠中的消化液会被中和而引起消化不良,此时往往出现鱼体消瘦、体重下降等现象,但随着鱼对高盐度适应能力的提高,这种现象会逐渐消失,并恢复正常活动,然后再逐渐提高投饵量。

鱼苗在含盐水体中存活的时间与鱼苗大小和盐度高低有关,鱼苗越小,对盐度的耐受力越差,存活时间越短;盐度越高,鱼苗的耐受力越低。所以,养殖水体一定要考虑适宜的盐度。实践证明,罗非鱼在半咸水或海水中养殖的生长速度比在淡水中养殖还快些,规格也比较大,生产效果也更好。

一、养成设施

罗非鱼海水养殖,可以池塘单养,也可以与其他鱼类或虾、蟹、贝类等混养。池塘单养,每亩可放 3 厘米左右的鱼种 3 000～5 000 尾,或 5～6 厘米的鱼种 2 000～3 000 尾。罗非鱼与对虾混养,一般应以养殖对虾为主,罗非鱼为辅。当对虾长到 5～6 厘米后,再放养罗非鱼种,以避免虾苗弱小而被罗非鱼残食。罗非鱼与鲻鱼、梭鱼、遮目鱼等混养,可以罗非鱼为主,也可以其他鱼为主,罗非鱼为辅。应根据各混养鱼类的食性和栖息水层,科学搭配,以达到充分利用水体空间,节约饵料,增加效益的目的。一般经过驯化的罗非鱼均可在 3.0% 以下盐度的海水中养殖。放养密度和混养比例可依据坑塘条件、鱼种供应和饵料供应等情况确定。以罗非鱼为主的坑塘,每公顷可放 5～7 厘米的罗非鱼种 10 000 尾左右,搭配鲻鱼和梭鱼种 5 000 尾左右。以罗非鱼为主混养鲈鱼和梭鱼时,每公顷放养 5～7 厘米的罗非鱼种 12 000 尾,放鲈鱼和梭鱼种 8 000 尾左右。放养时可看水源的供应情况而略增减数量。

选用的池塘单个面积 3 亩左右,水深 1.0～3.0 米,多为闲置的、用于海水育苗的海边蓄水池塘,涨潮时由水泵提水注入池塘,池底设置有排水拦网的排水阀门。养殖前进行池塘消毒,将池水排干,暴晒 3 天,每个池塘用 6 千克漂白粉对水溶解后全池泼洒。3 天后打开排水阀门进水,使用小水泵将池塘冲洗 2 次,并将含有药物残渣的池水放掉。放苗前 15 天,池塘进水深 30 厘米,以繁殖基础饵料生物肥水。在晚间,规格为 1.5 米 ×1.5 米 ×0.8 米的活水运输箱可以运输夏花 12 000 尾。

二、苗种放养

将苗种放入盐度为 0.3% 的育苗水泥池的池水中,充氧,不投喂,稳定 2 天;随后以每天 0.4% 的幅度提升池水盐度,至池水盐度为 2.7%。盐度调节期间,可以适当投喂一些经过浸泡的豆饼。当水温达到 18℃ 时,可以进行下塘,此时池水透明度深约 25 厘米,水色呈茶褐色。将水泥池的水位降至 50 厘米,利用集苗箱通过下水道放水接苗,边放水边用小鱼抄将集苗箱内的鱼苗捞进小桶,运往池塘,所有操作要求轻、稳、快。

三、养殖管理

要多巡塘,勤观察,按照农业部统一要求,做好养殖生产记录和养殖用药记录,混养坑塘要特别注意其他鱼类的浮头情况。在阴雨、低气压时不能施肥,同时减少投饵,以防止泛塘情况的出现。负载量大的养殖池中必须设置增氧机。增氧机的开机和运行时间,须根据天气、鱼类活动等情况确定。每隔一段时间,应该抽样检查所养鱼类,以便发现问题加强管理。秋季室外水温降至 18℃ 前鱼移入越冬池,春末室外水温回升并稳定在 20℃ 以上时,鱼方可移出越冬池。越冬池为水泥池或土池,靠近水源,避风向阳。室内池面积 10～50 米^2,池深保持在 1.5 米。鱼入池前,应清理池底污物,并用符合环保要求的药物消毒池壁和池底。越冬时水温保持在 18℃ 左右,根据水质变化,应定期换水或补充新水。池水溶氧保持在 3 毫克/升以上。海水或半咸水养殖罗非鱼的放养时间为水温稳定在 18℃ 以上。

1. 加水或换水

保持池水的鲜、嫩、活、爽是养殖尼罗罗非鱼的关键。正常情况下,池塘每天加水深 10～15 厘米;池水加满以后,每天换水 10～30 厘米。池塘加水或换水应尽量选择在上半夜或上午进行。

2. 投喂

每天根据罗非鱼的摄食情况进行定时、定点饲料投喂。在池边交替投喂豆饼(经过 1 天浸泡)、小麦等,投喂量以第二天早晨观察饲料台内无残饵为准。

3. 巡塘

每天巡塘2次,黎明时观察鱼体有无浮头以及摄食情况,黄昏时观察鱼体有无浮头征兆。高温季节,应加强巡塘,防止泛塘,并适时加注新水。

4. 增氧

虽然罗非鱼耐低溶氧的能力较强,但是在高溶氧含量的情况下,罗非鱼的生长速度快。尤其是高产池塘,为了提高鱼体生长速度,防止池塘养殖密度过高而引起浮头和泛塘,最好在池塘里设置增氧设备,或者使用其他方法进行增氧。

5. 轮捕轮放

当罗非鱼生长达到一定规格后,养殖水体中放养的鱼类达到一定的放养密度,鱼体生长速度必将受到影响,因此,捕大留小,必要时根据池内鱼体放养密度变化而补充一些鱼种,既能提高单位水体的鱼产量,又能满足不同季节的市场需要。

6. 养殖方式

罗非鱼和其他鱼种混养,只要搭配合理就能够全面利用池塘内各层次的水体,并有效利用池水中各种不同的天然饵料生物,在一定程度上提高养殖的经济效益,如与一定比例的中国对虾、梭鱼等进行混养。

养殖实例

罗非鱼在鱼类分类上属鲈形目鲷鱼科。原产地在非洲,属热带鱼类,生长快,食性较杂,肉味鲜美而骨刺少,这些优良性状很受养殖生产者、消费者的青睐。但是我国罗非鱼的养殖一直是淡水池塘养殖,鱼的品质很难再进一步提高,而天津地区的老百姓又有喜吃海鱼的习惯,因此淡水罗非鱼在天津地区市场消费份额占的比例很小。为了解决这一矛盾,使罗非鱼在天津得以大面积推广,天津市汉沽区水产局技术推广站技术人员利用罗非鱼渗透压调节能力强的这一特点,从 1997 年开始摸索罗非鱼海水高产养殖的技术,经过几年的努力,取得了很大的进展。

一、池塘的选择

选址在靠近海边的池塘。本地区海水水质良好,污染少,交通便利;池塘条件好,有很好的排灌系统,水深 2.5 米,池底较平坦,无淤泥,每个池塘面积为 10 亩,每个池塘配增氧机 2 台。

二、池塘的处理

每年春季对池塘进行清淤、清除池塘底泥厚 10 厘米。放养前 1 个月,对池塘进行消毒,一般用大剂量的海因类消毒剂和碘制剂交替消毒 3 天,彻底杀灭池塘的病原微生物。消毒 1 周后,开始肥水,一般每亩用生物肥 10 千克进行肥水,然后分别投入光合细菌等多苗种的微生态制剂进行调水。

三、鱼种的放养

鱼种由于是在淡水里培育的,因此放养前必须进行盐化,10 天左右把鱼种适应的盐度调整到 3.2% ,这时就能够进行海水养殖了。鱼种放养前用金碘溶液对鱼体消毒 5 分。鱼种为全雄罗非鱼,规格为 200 克/尾;体长 10 ~ 12 厘米,放养密度为 1 500 尾/亩并搭配放养日本对虾 20 000 尾/亩。

四、饲养管理

经人工驯化后,用人工配合颗粒饲料投喂,并在池塘边搭设饲料台,由于有新鲜海水的纳入会带进来一些活的小鱼、小虾,因此人工饲料的投喂要少喂、勤喂,每天一般投喂不少于 3 次。由于是主养罗非鱼,因此,日本对虾就不进行单独投喂了。每次投喂前先敲打料台,以发出声响,形成条件反射,从而培养罗非鱼集群上浮抢食的习性。

第六章

养殖前期，每天投喂量是鱼体重的 2% ~ 3%；养殖中期，每天投喂量为 5% ~ 6%；养殖后期为 3% ~ 4%。投喂量应根据天气情况、鱼体活动情况和摄食情况灵活调整，天气晴朗，水温适宜，鱼、虾摄食量大时，可多投喂一些，反之少投或不投喂。总之，投喂要做到既能保证养殖鱼虾类的营养需求，又不浪费饲料而造成水质污染。

五、日常管理及病害防治

坚持每天巡塘，尤其是定期观察水质情况，并根据水质情况的变化及时处理，保持水质清新、藻相稳定；观察鱼、虾的活动情况和摄食情况；防止缺氧浮头。适时开启增氧机，加快表层水和底层水的对流，从而使上层、下层池水溶氧保持均衡。定期消毒，每隔 20 天用碘制剂消毒 1 次，然后加入生物制剂保持藻相平衡，确保鱼类、虾类的健康。定期在饲料中添加多种维生素、氟苯尼考等，从而减少鱼、虾病的发生。

六、结果与分析

1. 养殖结果

经过 4 个月的养殖，罗非鱼平均亩产 800 千克，养殖成活率 96%，罗非鱼平均规格为体重 0.6 千克/尾。日本对虾亩产 60 千克，平均规格为 70 尾/千克，成活率为 20% 左右。

2. 分析讨论

放养大规格的全雄罗非鱼鱼种，不仅可以提高养殖成活率，而且极大地缩短了养殖周期，节约了成本。罗非鱼经海水养殖后，肉味更加鲜美，其肉味有些海水鲈鱼的味道，深受市场欢迎。在罗非鱼池中套养日本对虾在不影响罗非鱼养殖的基础上，增加了虾的产量，增加了收入。在今后的养殖中，随着养殖技术的进一步成熟，虾的成活率进一步提高，利润将更加可观。

第七章　罗非鱼的越冬保种技术

罗非鱼属于热带鱼,其最适宜生长水温是 $25 \sim 35℃$,不耐低温,当水温下降至 12℃ 以下就会逐渐死亡。在我国大多地区不能自然越冬,必须采取相关措施进行越冬保种。罗非鱼的越冬分为鱼种越冬和亲本越冬两种。鱼种越冬是将当年繁殖的罗非鱼苗,到 10 月左右还未长成商品规格的,通过越冬,留作第二年 $4 \sim 5$ 月作为放养的鱼种;亲本越冬是指从罗非鱼后备鱼中选择出待第二年繁殖用的亲本鱼种,让其安全越冬。因此,搞好罗非鱼的越冬事关当年及翌年的生产和效益,是养殖生产过程中十分重要的环节。进入冬季后,罗非鱼的死亡大多发生在气温骤然下降的两三天后,当气温又有所回升之时,便发生集中大批死亡,也有的连续几天断断续续地死亡。对绝大部分鱼塘来讲,让罗非鱼存塘过冬都是件风险很大的事。要想提高罗非鱼越冬的安全性,就要做好越冬前、越冬中、越冬后 3 个阶段的准备工作。每个阶段的工作都不能马虎,千万别因一时的大意,造成不可逆转的损失。通常,温度、溶氧和食物是鱼类生活的三大重要因素。在罗非鱼越冬过程中,始终要正确处理这三者的关系,确保其安全越冬。

罗非鱼越冬时,要求在有限的水体中,使最大限度数量的罗非鱼安全生活,以便降低生产成本。所以,应使水温维持在其生长温度的下限,这样鱼的活动、吃食、耗氧都处于低水平。如果水温升高,鱼的代谢水平相应也高,吃食活动增强,耗氧量增加,排泄物也增加。这些排泄物不但要消耗水中大量的溶氧,而且还会产生多种对鱼有害、有毒的物质。但是,一旦食物不能满足鱼的消耗,鱼体就会慢慢消瘦以致死亡。因此,在越冬期间,将水温适当控制低一些对鱼本身的免疫力是有利的。同时,也应注意到,在低水温温度区间,又正好是许多病菌、寄生虫生长的较适温度,容易受细菌、真菌、寄生虫的感染和侵袭。因此,只能通过加强饲养管理,采取严格的防病措施来减少这种危害。

第一节　越冬前的准备

一、越冬池的准备

1. 越冬池的结构

越冬池最好选择东西方向、长方形、砖砌的水泥池,面积以 100 ~ 200 米² 为宜,池深 1.8 ~ 2.0 米,采用地下式,有利于保持水温,上口与地面平,进水口位于水泥池上方,排水口位于池底,池底向排水口倾斜,以便于排污,排水口安装 20 厘米或 26.6 厘米阀门 1 个。水泥池上部用钢管或细竹竿搭成双层的拱形或"人"字形的棚架,棚顶离地面高 1.8 ~ 2.0 米,其上覆盖两层塑料薄膜,在进水口方向留一个小门,以便进出。

2. 越冬池的位置

越冬池位置应背风向阳,靠近水电源,进水、排水方便,水源为地下机井水,井深一般为 30 ~ 50 米,机井水温最好保持在 18℃ 以上,水源清新、无污染,溶氧充足,pH 7.0 ~ 8.5,水质符合 GB 11607 - 89 的规定。生产规模大,越冬鱼数量多,则越冬池可根据需要、大小适当配套,以便分性别、规格分池越冬。布局要紧凑集中,以便建造温室和有利于越冬过程的饲养管理。越冬池一定要建造在交通方便的地点,以降低活鱼的运输成本。越冬池最好是水泥池,不用土池,因为在漫长的越冬期内,池底会逐步积累许多有机物和鱼的排泄废物,使水质恶化,引起鱼的死亡。水泥池换水、排污都比土池方便得多。

3. 越冬池的准备

对新建的水泥越冬池,要经过浸泡后方能使用。浸泡 2 次即可,每次 5 天左右,以消除强碱性。当池水基本达到中性后,再加注新水。老的越冬池在使用前要认真检查维修,罗非鱼入越冬温室前 7天,用两层塑料薄膜搭好温室,四周将塑料薄膜用土埋好、踩实。清理池底池壁污物,用 30 毫克/升漂白粉溶液泼洒池壁及池底,进行彻底消毒。配备 1.5 千瓦增氧机 1 台,检查配套设施。鱼进温室前 2天,将温室加满机井水。

二、越冬鱼的准备

越冬鱼应选择体质健壮、体形匀称、无病无伤、体型饱满的个体;越冬亲鱼规格以体重 0.2~0.5 千克/尾为宜;雌雄比例(4~5):1为宜;进行越冬的鱼种根据规格大小,每立方米放鱼种 20~30 千克,鱼种规格大,可适量多放;鱼种规格小,可适量少放;但越冬罗非鱼鱼种规格不应小于 30 克/尾,鱼种规格过小,体质弱不利于越冬。

1. 强化秋培

在罗非鱼进入越冬池前,要加强秋季培育,以增强其体质,提高抗病抗逆能力。主要是根据罗非鱼的需求加强饲料投喂,强化培育,将鱼的体质调到最佳状态。在鱼停止吃料前 20 天就开始准备。水温在 18℃ 以上用微生态制剂调节好水质,将氨氮、亚硝酸盐、硫化氢等有害物质降到最低,培养出良好的水色和稳定 pH(即氨氮 0~0.2毫克/升、亚硝酸盐 0~0.15 毫克/升、pH 在 7.0~8.2)。水体肥度适中,透明度在 20~30 厘米,水色爽、嫩、滑,水深保证有 2~2.5 米以上。每天投饲量为鱼体重的 5%~8%,其饲料中蛋白质含量要在30%~35%,饲料配方的比例可采用鱼粉 10%,大豆饼 25%,菜饼20%,米糠 10%,麸皮 10%,混合杂料 18%,矿物质 2%,下脚面粉5%,每天投喂 3~4 次,每次投喂 0.5~1 小时,以大多数鱼种吃饱游走为度。每次的投喂量还要根据水温变化、天气变化、鱼类摄食和活动情况等合理加以调整,还可因地制宜地投喂部分青饲料,以补充饲料中维生素 C 等的缺乏。

2. 选好池塘

越冬用的池塘应选择形状比较规则,避风向阳,面积在 3~5 亩的池塘,水深在 1.5 米以上,要求冷、热水水源充足,水质良好,进水、排水方便,尤其是要注意水温的调控,要保持池塘水温在 18~32℃,在换水时要将水温调控好,且在换水时温差不得超过 2℃。

3.清塘消毒

鱼种放养前,要清塘消毒,选择晴朗天气将越冬池用生石灰或漂白粉彻底清塘消毒1次,消毒约1周后方可试水放鱼。

4.合理放养

罗非鱼起水移入越冬池时,必须要注意水温的变化,要赶在第一次冷空气到来之前起捕,如果在水温低于16℃时起捕的鱼,就不能作为越冬鱼种。罗非鱼越冬为南迟北早,长江流域的大部分地区自10月到翌年5月结束。同时,不同规格的鱼,必须分池越冬,保证鱼体质健壮,体格光滑,无病无伤。越冬密度要适宜,放养密度一般每立方米水体可放亲鱼15~25尾或10厘米以下的鱼种200尾;条件较好的鱼池,可养亲鱼30~40尾,鱼种400~500尾。放养时,应分规格入池,受伤和带泥的鱼不能入池。

5.保证鱼体身体健康(即体质好、没有伤口、没有寄生虫等)

主要针对车轮虫和斜管虫等寄生虫的处理,可用药物有阿维菌素、伊维菌素(水温低时慎用)或车轮斜管净(商品名);消毒可选择水剂二氧化氯或聚维酮碘等,操作原则是先杀虫、后杀菌。

在越冬前半个月左右,将需要越冬的鱼集中在越冬池附近的鱼池内,进行密集锻炼,使其对密养环境逐步适应,部分体弱或受伤的鱼提前被淘汰。

第二节　越冬方式

根据越冬条件和生产需要,罗非鱼的越冬分为两种类型。一种是低温保种型,即越冬池水温维持在16~23℃,这种水温能使其维持生命,不至于死伤,因此,只能保种,不能生长。另一种类型是适温培育型,即使越冬池水温保持在24~32℃,能使淡水白鲳保持食欲,坚持适量投饵,不但可以保持生命,还可生长发育,增强其体质,提高抗病能力。亲鱼的越冬水温最好在24℃以上,但不超过32℃,可保证其旺盛摄食,促进其性腺发育。在具体的越冬中,各地应根据热能资源及越冬生产需要,灵活地选择越冬方法。

一、越冬类型

1. 温泉水越冬

越冬池面积应根据水温、流量、地形及生产规模而定。越冬池水深以1.5~2米为宜,进水量和出水量要相近,以保持一定水温和深度。如温泉水水温很高,应先经蓄水池冷却到一定温度再注入越冬池,这种越冬方式及越冬密度较高。同时,由于水温较高,水量充足,可强化亲鱼饲养培育,促进亲鱼性腺早熟,提早进行繁殖育苗。我国天然温泉水较多,水温也较高。

2. 工厂余热水越冬

在有工厂余热的地方,利用某些工厂排出的冷却水,直接在冷却池内或修建越冬池进行越冬。越冬池面积根据冷却水水温和流量而定,水深以1.5~2米为宜,也可利用某些工厂废蒸汽将调温池水按要求调好,通入越冬池保温越冬。这种越冬方式可因地制宜地利用热源条件,成本低,越冬效果好。但要注意对余热水进行分析,采取相应措施使其水质及所含成分不至于伤害鱼类,如封闭式的电厂余热水,只能作为保种之用,因水质对胚胎发育不利,不能使罗非鱼的受精卵孵化出苗。

3. 塑料大棚土池越冬(图7-1)

图7-1　塑料大棚土池越冬

即采用塑料大棚保温进行越冬,越冬池选择在背风向阳、水质良好、水电方便的地方。越冬池最好选择东西向,长方形,面积 60 ~ 120 米^2,水深以 2 ~ 2.5 米,注水、排水方便。池面上用钢筋或竹木搭建拱形或"人"字形的棚架,棚顶离地面高度 1.8 ~ 2 米,其上覆盖两层塑料薄膜,外面压钉竹片,棚脚四周用泥土压实,并在东西两边开棚门,以便空气适时对流与人工投喂。这种越冬方式可利用地下水为水源,保持水温 16 ~ 18℃,越冬效果好,成本低,易推广。如无地下水,可用水库、溪河水,通过电热器加热,提高水温,一般 30 米^3 水体应配用 3 千瓦的电热器 1 ~ 2 个,此法适宜养殖户小面积越冬。

4. 修建玻璃越冬房越冬

越冬池为水泥地,面积以 50 ~ 80 米^2,水深以 1.5 ~ 2 米为宜。越冬池的四周围砌砖墙,顶上用透明玻璃遮盖而成越冬房。

5. 利用水井越冬

水井深度宜在 5 米以上,冬季最冷时,水温应保持 16℃以上。这种越冬方式既经济又简便,一般适宜养殖户进行少量亲鱼越冬保种。

6. 地热水越冬

有地热资源的地方可采用地热水越冬,方法是选合适地点钻热水井,以保温管道将地热水引入越冬池,管道应深埋地下以避免散热,越冬池面积要在 5 亩以上,水深 2 米以上,同时要检测好地热水温度及水质条件,使其适合于罗非鱼的生存和生长。

7. 其他越冬方式

如在工厂化养鱼及原煤、原油等资源充足且价廉的地方可采取锅炉烧水越冬,也可采用电热加温装置进行加温越冬,但成本高,常用于小规模的越冬保种。凡玻璃温室、有太阳能装置的温室也都可以因地制宜进行罗非鱼越冬。

二、越冬池设计的注意事项

第一,应选择避风向阳,近水源、热源,注水、排水方便,水质、土质适于建造越冬池的地方。

第二,由于冬季阳光斜射入棚,玻璃棚越冬室的方位宜选择南北向东西延长为好,而塑料大棚则要南北延长。

第三,玻璃棚温室南向屋顶的倾斜角应保持在 30℃ 左右,使太阳光的投射角较大,以使玻璃棚吸收太阳的辐射热量也较多。

第四,无论是建造哪种类型的温室,应尽量降低空间高度,只要不影响操作就可以,一般尽量减少热量损失。

第五,在生产规模大,越冬池较多的情况下,一般选择增加长度而不增加跨度的方案,这样既有利于管理,也不会影响温室的牢固度。温室最好连片建造,既可增加抗风强度,减少横向热传导的损失,还便于操作和管理。

第六,温室必须设有通风设施,特别是在越冬后期冷热季节交替时尤其必要。为了解决与保温的矛盾,通风口不宜过大,宜开在室内最高处,利用越冬室内温度下低上高的小气候特点,做到通风迅速而有效。

第七,保温是设计温室的主要条件。为了保温,在建筑时要做到结构严密,不透风漏气。如用砖墙要增加墙的厚度,最好在两层砖之间填充糠壳或其他一些隔热保温材料。玻璃棚最好采用双层玻璃。塑料大棚则可在越冬池上用竹片制成拱架再覆盖上薄膜。

第三节　越冬鱼入池的时间及注意事项

一、越冬时间

一般情况下,当自然水温为 18～20℃ 时进池,最低不能低于 16℃。因为 16℃ 以下,鱼虽未冻死,但已受暗伤,这样的鱼进池后也将陆续死亡,不可能顺利越冬。

秋季室外温度降至 18℃ 前罗非鱼入越冬池,春末室外水温回升并稳定在 18℃ 以上,罗非鱼方可出温室。越冬鱼进入温室时应进行消毒,可用食盐 2%～5% 浸浴 5 分,或高锰酸钾 20 毫克/升(20℃)

浸浴 20 ~ 30 分,或聚维酮碘 1% 浸浴 5 分。

二、进池鱼的要求

1. 亲鱼

应按照繁殖鱼苗的要求选择亲鱼,确保每条亲鱼都符合要求。由于在越冬及繁殖期间雄鱼死亡比雌鱼要多,在进池时雄鱼比例可适当增大,亲鱼的雌雄比例按 3:1 或 4:1 选留。最好将雌、雄鱼分池越冬,防止越冬后期水温上升到 20℃ 时发生漏产,便于翌年杂交繁殖时配组操作。留选数量根据生产鱼苗计划量再加上 15% ~ 20%,以确保翌年苗种生产的顺利进行。按平均每条 250 克的雌亲鱼在 40 ~ 50 天的鱼苗生长周期内产苗 300 ~ 500 尾计算。

2. 鱼种

越冬鱼种规格以 4 厘米为好。太大,越冬池利用率低;过小,鱼种在越冬过程中适应性差,影响成活率。鱼的鳞、鳍完整,体质好,顶水力强。病鱼、弱鱼不宜进越冬池。鱼种要按不同规格分池越冬,不可大、小规格混于一池。一般苗种越冬,要求进池时规格要整齐,罗非鱼 1 年多次繁殖,鱼苗入池时的规格如参差不齐,在吃食上必然会出现以大欺小,使小者发育不良甚至死亡。因此,鱼种入池时一定要经过筛选,按规格大小分别入池,以便管理,提高成活率。选留的鱼种还要选择体质健壮、无伤无病、体表光滑、无冻伤的个体。

3. 放养密度

越冬时的放养密度与水质、水中溶氧状况,以及增氧、排泄、越冬方式、鱼规格大小等因素有关。可依照实际情况适当调整密度,以保证安全越冬。温流水池水质清瘦,溶氧充足,一般每立方米水体可放亲鱼 12 ~ 20 千克,或放鱼种 8 ~ 12.5 千克;静水增氧池一般每立方米水体可放亲鱼 5 ~ 7.5 千克,或鱼种 3.5 ~ 5 千克;静水池,能定期换水的,每立方米水体可放亲鱼 2.5 ~ 4 千克,或鱼种 2 ~ 3 千克。

4. 消毒亲鱼

鱼种在捕捞与运输过程中有不同程度的受伤,应在越冬池边先用 1% 的食盐溶液药浴 10 分,或在低温时用 5 毫克/升孔雀石绿药浴 5 分左右再放养。药浴时要密切注意鱼情,做到灵活掌握。在入塘后 1 周内,要密切注意入塘鱼种活动情况,特别是水温较低时操作的鱼种伤口是否感染,并及时采取相应的措施。入塘 1 个星期后,鱼种的情况才基本稳定,进入越冬期。

无论是选留的亲鱼或鱼种,选留时操作都必须轻快细致,以免碰伤鱼体,并即选即入池。鱼种在分级过筛时不宜长时间密集于网池中,一般在网池中吊水两个小时后即要进行分筛、计数入塘,最长不宜超过 5 个小时,更不宜进行高密度长途运输,否则会造成鱼体受伤严重,导致越冬成活率低。

第四节 越冬期间标准化饲养管理

罗非鱼是每年冬季都要受到北方冷空气霜冻寒露风袭击,越冬鱼池鱼的密度高,溶氧低,水温接近临界点,故必须十分注意饲养管理,如果管理不善,往往会发生大规模鱼病和死亡。进入冬季后,罗非鱼死亡原因主要有两点:

1. 患病死亡

进入冬季后,罗非鱼会出现大面积大规模的死亡。死亡往往都发生在水温由冷转热(升温)以后。据长期试验证实,当水温、盐分、溶氧及 pH 等环境因素发生变动,或多或少都会对鱼类产生不良刺激的反应。当饲料缺乏某些维生素或矿物质(如缺乏维生素 A、维生素 E、维生素 B_1、维生素 B_2 和锌元素)时,易诱发鱼病。当水温下降到生存温度下限时(2~3 天),罗非鱼不会立即冻死,但其活动缓慢,开始停食。因此,鱼体内维生素及微量元素积累很少。当水温转暖时,罗非鱼活动渐趋活跃,由于体内营养元素不足而无法满足生存的需要时,病原细菌也因水温上升而活动,罗非鱼因营养素不足造成免疫力下降,易受病原体,寄生虫侵袭染病衰弱死亡。

2. 冷冻死亡

当水温下降到在罗非鱼生存温度下限时,连续多天(5~7 天)低温冷冻低于7℃时,便会大批冷冻死罗非鱼。

一、罗非鱼越冬中期需要做好的管理工作

1. 继续保持水质的良好状态,合理调水,让罗非鱼保持健康

针对水质的实际情况采取相应的调水措施。水温低,放活菌的效果不好,可以泼洒含有碳、氧等元素和大量的活性羟基、羧基等活性基团的药物,用来提高水体物质和能量循环,打破水体温跃层,防止底层缺氧。每月要换水1次,换水时注意水温调节控制,使水温保持在24~32℃,且换水时温差不应超过2℃。

2. 保证水体溶氧充足

主要是保证塘底有足够的溶氧,不能让鱼出现浮头,以防止冻伤。合理开启增氧机。如有阳光的中午、北风比较大的夜间(需长时间开)、有冻雨下的夜间(在下雨之前就把增氧机打开)、鱼有缺氧征兆之前等。打开增氧机的目的就是提高水体中下层的溶氧,让罗非鱼一直待在安全水温的水层,防止罗非鱼因为缺氧而不顾冻伤的危险跑到表层水活动。

3. 发现鱼体有任何异常,就要马上采取相应的应对措施

在这1个月左右的时间里会经历小寒、大寒、立春3个节气,每个节气代表着不同的气候特征。古语云“冷在三九”,即在南方最寒冷的时候是小寒节气左右的时间,所以从小寒开始就进入了罗非鱼越冬期最为关键的时间了。关注天气变化,根据节气和天气预报的提醒及时采取应对办法。在一些特别寒冷且天气异常的时间里以干撒长效粒氧来增加水体溶氧,减少或不开增氧机。

4. 适量投喂

如果越冬池的水温能够长期维持在24~32℃,罗非鱼仍可进行正常投喂。一般在罗非鱼入越冬池3~4天后,可开始投喂人工配合的颗粒饲料,要求饲料中粗蛋白质含量达到30%以上,并适当投喂新鲜的菜叶等青饲料,以调整其胃口。投喂时应坚持“次多量少,不留剩饵”的原则。

5. 日夜巡塘

要坚持每天测量水温,观察鱼情,发现问题及时处理。要保持池

塘水体的深度,经常去除池底粪便、残饵等污物。如发现水质变色、混浊、变黑、有腥臭味,表明水质变坏,需要及时更换新水,并适当增氧。另外,要保持越冬区安静,尽量少惊吓越冬鱼类。禁止禽、畜下池,消灭蛇、鳝等有害生物,防止飞鸟袭鱼,避免池周频繁的人、车等活动,防偷防盗,确保罗非鱼有一个良好的越冬环境。

6. 防治病害

由于罗非鱼越冬期较长,密度大,水质相对较差,再加上处于不太活动与少摄食的状况,所以极易发病,要严防水温骤变,尽量不使鱼体受伤,鱼种进池前用亚甲蓝药浴 10～15 分,当水温在 18～20℃时,幼鱼易患小瓜虫病、白皮病、三代虫病等,特别是小瓜虫病,易造成鱼种暴发性死亡。此外,还会感染水霉病、斜管虫病、车轮虫病、鳃鞭毛虫病、细菌性烂鳃病等。如发现有鱼患病,应及时请专业技术人员正确诊断,对症下药。

7. 排污

越冬池内的污物主要是鱼的粪便和残饵,它们沉在池底,在分解的过程中不仅要消耗大量的氧气,而且还会释放出一些有害物质,严重影响越冬鱼的生存。因此,必须经常、彻底地排出污物。温流水圆形池,由于水沿池壁作圆周流动,污物沉积在池子的中心,可由排污溢水管将污物不断排出。而静水池和长方形池都必须定期吸污,吸污可用虹吸原理,也可用小型潜水泵将污物吸出。早期每天要吸污,以后至少每星期吸污 1 次。静水池还要根据水质情况定时或不定时地换水,换水要做到两头勤,中间适当稀一些,即越冬早、后期每隔 3 天换水 1 次,每次换水量为全池容水量的 1/3。所加换新水的水温应与池水温一致或接近,保证换水后水温不骤变。

在这期间会出现冷空气频繁南下且强度逐渐加强,早晚雾气较大,天气干冷,水体表面气温下降很快,整个水体的温度也将进一步降低且水体温差会加大。随着时间的推移,水体底层和上层水的能量物质交换会受到阻碍,底质容易恶化,底层水的有害物质增多,溶氧变低。在这期间罗非鱼容易因塘底溶氧不足而向上层水体活动或者出现浮头的情况,如不采取恰当的措施,罗非鱼出现缺氧或冻伤死亡的现象将不可避免。

在发现或感觉罗非鱼出现冻伤后应及时采取对应的措施,主要有泼洒抗应激的免疫增强剂和消毒剂。

个别地方可以考虑提前做搭温棚、装保温灯、搞保温炉、抽地下水之类提高水温的措施。抽地下水保温的鱼塘,因地下水中亚铁和氨氮比较高,其中亚铁在氧化成三价铁的过程中耗氧,同时也有毒性,可以泼洒有机酸或硫代硫酸钠解毒,增强鱼体的抗应激力。另外的使用过氧硫酸氢钾钠加快亚铁的氧化沉淀。

二、罗非鱼安全越冬后期需要做好的管理工作

在立春以后天气经常保持湿冷,如果在这之前都没有出现罗非鱼冻伤冻死的情况,那么罗非鱼基本上算是安全越冬了。安全越冬是指大批量的罗非鱼死亡事件不会发生了。不过要是对后期工作不重视,因为长水霉而少量的死亡是会出现的。立春过后阳光会开始增多,水温开始突然短暂升高,而罗非鱼又2个月没有吃饲料,所以罗非鱼的活动欲望就很强烈。在这个时候因为天气不稳定导致水温也不稳定,忽高忽低,致使罗非鱼很容易出现冻伤。所以,在越冬后期也要做足工作,大致和越冬期差不多,千万不能有丝毫的大意。特别提醒几点:第一,在惊蛰节气之后防止鱼体寄生虫的发生,同时重视水霉病的预防和及时治疗。第二,保持良好水质。第三,在逐步投喂饲料的过程中适当添加黄芪多糖、维生素C等保健药物,提高罗非鱼的自身免疫能力。

三、防治措施

1. 育肥育壮

冬前应加强育肥育壮措施以增强鱼体抗病御寒能力。在冬前(秋季),过冬期间,建议投喂全价营养饲料,这是保证鱼类摄食全面营养的基础。只有摄食全价营养性饲料,才能保证使鱼体内的维生素及无机盐(矿物质之类)积累量满足维持生命活动的需要。这样,即使水温下降时,影响鱼的摄食量,但因鱼体内各种营养元素积累充分有利于增强抗寒能力,也可以使鱼顺利过冬。坚持"四定"原则,罗非鱼在越冬期间,由于水温低,鱼摄食量低,因此投喂的颗粒饵料

要少而精,每天投饵率为鱼体重的 0.5% ~ 0.6%,越冬鱼出池前 1 个月,投饵率可增加到每天 2 次。

2. 鱼病防治

越冬期间,一般不拉网捕捉,以免损伤鱼体表染菌致病。罗非鱼由于营养不良及水温低冻伤鱼体等原因,病原细菌入侵易得水霉病、赤皮病等;因低温鱼体表受伤易被寄生虫侵袭寄生,如小瓜虫、斜管虫、车轮虫等病害,造成鱼体抵抗力弱而死亡。因此,必须经常定期作养殖水体消毒,如每亩每米水深放生石灰 20 千克,或漂白粉 1 千克,或鱼菌清(按说明使用)化水全塘泼洒;如有寄生虫病则用硫酸铜与硫酸亚铁合剂 0.7 毫克/升(5:2)化水泼洒,每 15 ~ 20 天轮流使用 1 种,以利达到杀菌杀虫的目的。

3. 药饵投喂

在越冬期间,当水温上升到 18 ~ 20℃时,可用鱼药"鱼必康"拌营养饲料投喂鱼类,10 天投喂药饵 1 次,以补充鱼类体能和增强抗病能力,鱼体健壮,御寒能力也相应增强。

4. 做好越冬防寒工作

主要包括:①加深池水保温增温,有条件者加深到 3 米以上,越深越保温。②适当施放发过酵的有机人畜粪肥水,每半个月亩施放 500 千克,保持较浓的肥水,有利培育浮游植物进行光合作用增氧,肥水保温。③在池塘背风向阳最深处亩搭 60 ~ 70 米^2 防霜棚,可用竹竿竹片将禾草夹上 10 厘米(3 ~ 4 寸)厚离水面 20 ~ 30 厘米处搭棚防寒。也可在池塘基地四周堆放平时准备好的草皮泥,注意气象广播,寒潮来时即点着草皮泥熏烟,在池塘基地上面形成浓烟区,溶化霜水,也很有效果,减少避免鱼类受冻死亡的损失。

5. 水质管理

水温的高低是罗非鱼越冬成败的关键,每天坚持测量水温并做好记录。温室水温应维持在 16 ~ 20℃,靠定期的换水来维持水温,定时开启增氧机,换水时温差不得超过 ±3℃;每天排污 1 次,并及时补充新水;每间隔 3 ~ 5 天温室换水 1 次,彻底清除池底污物,以便保持水质清新。罗非鱼越冬期间由于放养密度大,因此需要人工充氧,每间隔 4 ~ 6 小时开启增氧机 0.2 小时,使池水保持溶氧在 3 毫克/升

第七章

以上。每天都要仔细观察鱼的摄食、浮头、活动情况,发现死鱼、病鱼要及时捞出,并分析、化验做出相应处理。记好日常工作日志。

6. 病害防治

罗非鱼虽然抗病力较强,一般不易得病,但在高密度、水温低时病害发生严重,因此,鱼病的防治是罗非鱼越冬成败的关键之一。在越冬过程中,采取"以防为主、防治结合、对症下药"的鱼病防治原则,坚持每15天用杀菌灵、二氧化氯或溴氯海因杀菌消毒1次;每30天用百虫杀或灭虫精杀虫1次;每30天用鱼病康、鱼炎康、大蒜素和复合维生素等做成药饵投喂1个疗程,每次投喂5~7天。越冬罗非鱼常见疾病的治疗方法如下:

(1)车轮虫 越冬期间常见病。适宜水温一年四季都有,治疗方法:使用浓度为2%~3%的食盐水浸浴鱼种15~20分,或者使用浓度为0.7克/米³的硫酸铜和硫酸亚铁合剂(5:2),溶解后全池泼洒。

(2)小瓜虫病 流行水温15~25℃。治疗方法:用3.5%的食盐水和1.5%的硫酸镁溶液浸洗15分;用亚甲蓝3克/米³或福尔马林15~30克/米³全池泼洒;水深1米的鱼池,用鲜辣椒粉3.75千克及干姜片1.5千克混合后加水煮沸5~10分后,连渣带汁全池泼洒。

(3)水霉病 鱼体受伤后,水霉菌感染体表受伤部位,形成灰白色如棉絮状的覆盖物。防治方法:使用浓度为2%~3%食盐水浸泡鱼种15~20分。

(4)细菌性烂鳃病 是越冬过程中的高发病,病鱼体色发黑,游动缓慢,对外界刺激的反应迟钝,呼吸困难,食欲减退;病情严重时,离群独游水面,不吃食,对外界刺激失去反应。治疗方法:用漂白粉、二氧化氯、聚维酮碘等消毒液全池泼洒,同时用鱼病康、大蒜素和复合维生素拌料投喂5~7天。

小 知 识

利用地热温泉培育越冬罗非鱼苗种

山东文登市第二淡水养殖试验场内现存罗非鱼苗种规格偏小(50克左右),怎样在越冬时间内利用地热温泉资源优势培育出大规格罗非鱼苗种,成了摆在眼前的一个难题,现将具体做法介绍如下,供有条件的同行参考。

一、越冬水源及越冬室条件

热水水源来源于场内两口地热温泉井,水温为 72～75℃,井深 120 米,井内安装 5.5 千瓦耐高温潜水泵,每小时出热水量为 30 米^3,水质除溶氧稍低外,其余各项指标均符合渔业用水标准。冷水水源为场南一条清洁无污染的河流,安装了 10 千瓦水泵 1 台。越冬室分为东、西两个车间,养殖的实用面积为 1 500 米^2,每个车间有池子 10 个,每个面积 75 米^2,混凝土结构,池子深 2 米,越冬池水位保持在 1.5～1.6 米^2,池底呈锅底形,坡度 1∶30,中间设有排污口,外面有水平管,注水、排水管道设计合理。

二、越冬前准备工作

使用漂白粉或生石灰对越冬池及室内墙壁、走廊进行彻底消毒。入苗前,直接往越冬池内充入 70℃的地热温泉水(能起到高温杀菌作用),待其自然冷却后,以备放苗用。每个越冬池内配备了 1 台 0.75 千瓦叶轮式增氧机。

三、苗种入池

1. 入池时间

10 月上旬是胶东半岛罗非鱼苗种入池利用的最佳时机,当外界水温降至 16～18℃时,赶在当年首次寒流来临之前完成苗种入池工作。

2. 入池注意事项

罗非鱼苗种入池时,须测好鱼塘与越冬池水体的温度,要求越冬池比外界温度要高 1～2℃,对捕获的苗种要把好质量关,入池的苗种要求体质健壮、活泼,鱼鳞无损,体表富有黏液,对受伤较重的苗种切勿入池,起捕苗种时操作要细心,运送苗种入池的时间要快,按不同规格将罗非鱼苗种分池进行越冬。待苗种入池后,利用地热水慢慢将越冬池的水温升到 24～26℃,并维持 1 周左右,以便罗非鱼恢复体质,利于轻伤愈合。同时,全池泼洒消毒剂并投喂药饵,提高苗种成活率。

四、越冬期间管理要点

1. 水温的控制

为了提高苗种出池规格,根据罗非鱼的生活习性及几年所积累的经验,规定越冬池水温保持在22℃(±0.5℃),在这个温度环境内,越冬苗种既能正常摄食并生长,又相对节省了能源。每天凌晨4点,往越冬池内充入地热温泉水,使池水温度维持在22℃,从而不影响白天罗非鱼苗种的正常摄食。

2. 水质的调节

由于增氧机旋转时,所形成的水流将鱼的粪便及残饵都推向了排污口,因此,定时排污是保证水质不可缺少的步骤,每天排污2次,凌晨加温前由晚上值班人员排污5厘米左右,下午喂完鱼后,由喂鱼人员根据投喂时所观察到的鱼活动及摄食情况适当调整排污及排水量,摄食好、活动正常的少排,反之适当多排一些。排去的水要及时补充完整(地热水与河水混合后充入池中),对池内的死鱼、病鱼要及时捞出掩埋,避免败坏水体,基本上保证了每10天全池彻底换水1次。春节过后,随着气温的回升,鱼体重的增加,摄食的增多,对水质的要求就更加严格,4~5天换水1次,并要经常开窗通风换气。

3. 增氧机的使用

规定值班人员经常巡塘,根据实际情况,随时调整开机时间,晚上基本上每小时开机20分,白天每小时开机15分,基本上保持了水中溶氧在3毫克/升以上。每天的清晨及喂完鱼后适当增加增氧机开机时间,使水体中的硫化氢、氨氮等有害气体挥发出来,让鱼有一个好的生存空间。

4. 饲料的投喂

(1)饲料的来源 饲料来源于本单位自己配制的颗粒饲料,粒径分别为2毫米和3毫米,以鱼粉、血粉、肉骨粉、饲料酵母、大豆磷脂、豆粕、棉籽粕、麸皮、玉米、次面粉等为原料,添加适合罗非鱼生长的各类添加剂及罗非鱼专用预混合饲料,按一定的比例,经混合均匀后加工而成,粗蛋白质含量为32%。

(2)投喂方法　苗种入池第二天开始驯化投喂,坚持"四定"原则,投喂前给予固定信号,诱食驯化阶段要有耐心,慢慢养成苗种抢食习惯,形成条件反射,保证集中摄食。每天投喂4次,上午的7点半、10点,下午的1点、3点半。喂鱼前先开增氧机15分,投喂法为人工手撒,每个池子投喂15分,投饵量根据天气、水质及鱼的动态灵活掌握,大体控制在2%左右。每半个月对越冬苗种进行测试1次,根据测试情况,及时找出不足,并适当调整投饵量。

电厂余热水罗非鱼越冬育种技术

罗非鱼是鲈形目鲷鱼科罗非鱼属的通称。近年来,选育出的优良品种,性情温和,食性杂,易饲养,生长快,产量高,体型好,肉质上乘,宜加工,是我国目前大宗出口水产品。国内市场价格20元/千克以上,高出鲤鱼、草鱼6元/千克,有较好的发展前景。目前,尤其在我国淮河以北地区有很强的养殖生产优势,但由于越冬保苗及育种问题,苗种生产与供应成为限制发展的瓶颈。为此我们决定利用河南永城市坑口电厂余热水资源及现有水泥硬化池进行冬季保苗育种试验,促进本地罗非鱼养殖推广。

1. 生产条件

已建成水泥硬化池20个,规格7米×7米×2.5米,供排水循环及供气系统完善,电力供应有保障,配备200米^3/时水泵2台,2.2千瓦、3.0千瓦气泵各1台。

2. 越冬方案

在豫东地区10月初水温20℃左右时,3~5厘米罗非鱼苗移进恒温池至第二年4月底培育成12~15厘米大规格鱼种,供成鱼生产使用。

3. 前期准备

鱼苗进池前 15 天,对各池及全系统进行检修,确保无漏气、漏水及不畅情况。之后,各池加水至设计深度即 1.8 米,加入 0.8 克/米³ 强氯精浸泡 1 周后,排干池水,并将水池冲刷干净,晾干 2 天后重新加水至设计水位备用。

4. 苗种投放

2006 年 10 月 2 日,在自然鱼池中培育的罗非鱼 10 万尾、淡水白鲳 40 万尾,投放进电厂温水池,规格均为 3～5 厘米,每池 2.5 万尾,即罗非鱼 4 个池,淡水白鲳 16 个池。池水温度调至 23℃。与自然池水 21℃相差 2℃。在允许范围内因运输及操作损伤,1 周内死亡鱼苗 2 000 尾属正常现象。

5. 苗种培育

(1)水质管理 苗种投放完毕,开启水循环系统,流量为 200 米³/时,电厂余热水补给量为 40 米³/时,循环换水量亦为 40 米³/时,自动排出。开启 2.2 千瓦气泵 1 台,机械供氧,池水溶氧达至 1～4 克/升。鱼苗入池二十天,因电厂循环水补加除垢剂,引起水质污染现象,其中 pH 达到 10 左右,随即停止用余热水,并补充地下水进行稀释抢救,5 天后得到缓解,此次事件致使罗非鱼死亡 5 万余尾,淡水白鲳死亡 15 万尾左右。中毒事件后,一是采取增加地下水源补充量,控制使用电厂余热水,水温保持以冒热汽为好。二是定期检测水质并作相应调节,使之基本达到标准范围。三是每 20 天用自制清淤设备,清除池底沉渣 1 次,使池水清新。在育种中后期,即 2007 年 2 月以后,苗种长至 8 厘米,加开 3.0 千瓦气泵 1 台,供气动力达到 5.2 千瓦。3 月初,加开 200 千瓦水泵 1 台,池水总循环量达到 400 米³/时,池水总量约 2 000 米³,5 小时即可循环 1 次,池水补充量 100 米³/时,其中地下水 40 米³,池水 20 小时换水 1 次,使水质、pH、溶氧达到最佳状态。

(2)饲料投喂 在每池一角,用 120 厘米×80 厘米纱布框制成投饵台,置于水下 20 厘米,鱼苗入池 2 天后,开始投喂压团配合饲料,进行驯化,4 天后基本成功。之后,每天投喂 3 次,于早 7 点、12 点、下午 5 点,每天投喂量为体重 10% ~ 12%,鱼苗达到 5 厘米后,撤掉投饵台,改为瓢撒破碎料。蛋白质含量 33% 以上,每天投喂量约 10%,以八成饱为准。鱼种达到 8 厘米以上时,改喂直径 2 毫米颗粒料,蛋白质含量仍在 33% 以上,每天投喂量约 8%。因淡水白鲳鱼苗抢食能力强,颗粒饲料大小对饲养效果影响大,需随鱼体增长增加饲料直径,淡水白鲳鱼种长至 10 厘米以上时,改喂 2.5 毫米颗粒料,蛋白质含量降至 30%,每天投喂量 6% 左右,罗非鱼苗饲料投喂量比淡水白鲳减 1% ~2%。

(3)鱼病防治　冬季温水池高密度培育罗非鱼,尤其是淡水白鲳小瓜虫病是主要威胁。为此一是控制水温在 25 ~ 28℃。二是每 20 天全池泼洒 1 次 4 克/米^3 熬制姜水,每 15 ~ 20 天全池泼洒 1 次 0.3 克/米^3 溴氯海因。施药期间停止水源补给 24 小时。

(4)拉网锻炼与苗种筛选　为增强苗种体质,提高整齐度,鱼苗入池后要进行 2 次拉网锻炼与筛选。第一次是在第二年 2 月底气温达到 20℃,午后进行,结合购苗客户要求,过筛后重新分池。第二次是 4 月底,锻炼,过筛后,并池待售。

第八章 罗非鱼常见疾病的防治技术

罗非鱼适应性广、抗病力强、抗逆性好,正常养殖管理情况下病害很少,易于养殖,疾病的危害不是很大。但随着集约化程度的不断提高与养殖环境的不断恶化,其疾病种类也在增多,危害也越来越大。在养殖条件不好,饲养管理不善,冬春季节冻伤或运输、捕捞受伤以及在多种病原体的感染和侵袭下,也会发病死亡,从而影响到罗非鱼的产量和经济效益。近几年来,随着罗非鱼产业化的进一步发展,多种高密度、高产出的集约化养殖技术的大力推广和应用,加上罗非鱼的种质退化严重、抗病抗逆能力减弱等多方面原因,导致罗非鱼的病害时有发生,而且易于传播,特别是在流行病发生季节,极易引起暴发性鱼病的发生。有时处理不当会导致全池的鱼发病而死亡,给罗非鱼养殖业带来不可估量的损失。因此,要注意罗非鱼病害的防治工作,坚持以预防为主的原则,保持良好的水质,做好日常投喂管理工作是防病的关键。

罗非鱼生病后不能像陆上动物那样强行灌药,只能依靠鱼自行随饵料摄入,对发病较重失去食欲的鱼,即使特效药也不能达到理想的治疗效果。而单方面的外用药也仅能杀死鱼体表的病原,无法杀死鱼体内的病原。这就是通常在用药治疗过程中仍发现有死鱼的原因。因此,罗非鱼病害防重于治。在日常饲养过程中要注意池塘环境、鱼种质量、放养密度、饲料质量、水质调控、科学用药、日常管理等各个环节。坚持做到每个环节都严格按技术要求操作,为罗非鱼生长创造一个良好的环境,降低疾病发生率。除了应激性与一些突发性疾病外,一般疾病的发生都有一个循序渐进的过程。因此,在喂养时要注意观察鱼的摄食和活动是否正常,一旦发现异常情况应及时用药治疗。

第一节　细菌性疾病

一、烂鳃病

【病因】由黏球菌感染引起。

【症状】这种病流行季节长,每年从3月开始延长至11月,5~7月为流行高峰。病鱼的症状是:鳃丝腐烂、尖端软骨外露、常常有黏液和污泥。严重时,鳃骨盖内表面充血,有时被腐蚀成一个个小孔,病鱼往往离群游动,体色变黑,头部更加明显。

【防治方法】发病期间可用漂白粉挂篓或按池水1.2~1.5毫克/升的浓度全池泼洒;用桉树叶2~3捆,每捆25千克放在食场附近;全池泼洒大黄液或乌桕叶2.5~3.7毫克/升。

二、运动性气单胞菌病

【病因】由嗜水气单胞菌感染引起。

【症状】有肠炎型和体表溃烂型两种不同类型的症状。肠炎型主要表现为肛门红肿,肛门附近的皮肤发红,解剖观察可见肠道无血却发红。体表溃烂型表现为病鱼体表呈斑块状溃烂,并可遍及全身,体表充血,鳞片脱落,肌肉外露,呈红色斑块状病灶,严重时可溃烂成洞穴状,因此又称溃疡病、溃烂病。

【防治方法】用溴氯海因0.2克/米^{3}或漂白粉(有效氯含量28%~30%)1克/米^{3}全池泼洒,隔天1次,连用3次;同时投喂大蒜素等内服药,效果更佳。

三、假单胞菌病

【病因】由荧光假单胞菌感染引起。

【症状】外观症状表现为眼球突出或混浊发白,腹部膨胀。解剖观察,腹腔有腹水贮积。在鳔、肾、脾有白色结节状病灶,鳔腔内有土黄色脓汁贮积,这是典型症状。确诊需借助细菌学或血清学检查。

【防治方法】此病易在水温低时发生,是预防疾病的重要手段。由于在低温时发病多,故要注意保温,适量投饲,避免鱼体受伤。该菌仅感染不健康的、抗病力弱的罗非鱼,因此要加强饲养管理,保持水质良好,注意环境卫生,操作小心,勿使鱼体受伤。发病鱼用溴氯海因 0.4 ~ 0.5 克/米³ 全池泼洒,同时投喂免疫多糖 10 克/千克饲料,维生素 C 5 克/千克饲料;发病鱼池用 1.3 毫克/升漂白粉(含有效氯 30% 左右)进行全池泼洒,饲料内加氟哌酸,每千克鱼体用 20 ~ 40 毫克,连用 3 ~ 5 天。

四、爱德华菌病

【病因】由迟钝爱德华菌感染引起。

【症状】病鱼体色发黑,腹部膨大,肛门发红,眼球突出或混浊发白。此外,有的病鱼体表可见有膨胀发炎的患处,尾鳍、臀鳍的尖端和背鳍的后端坏死发白。解剖观察,有腹水,生殖腺特别是卵巢有出血症状,肠管内有水样物储积或肠壁充血。肝、脾、鳔等内脏,特别是肝脏有白色小结节样的病灶,并发出腐臭味。症状和病程因病例不同而有很大差异,有急性型和慢性型之分。急性型暴发会引起大量死亡,但多数病例属慢性型,逐渐死亡,发病时间较长。在水温较高时容易发生。诱发致病的原因是养殖密度过大和池底污泥过多。因此,要特别注意养殖密度的合理性,加强饲养管理,经常清理残饵和粪便,适当增加换水量,保持水质清新。

【防治方法】放养密度要合理,池塘需清理消毒,经常换注新水;发病时用漂白粉(有效氯含量 28% ~ 30%)1 克/米³ 全池泼洒消毒,同时内服大蒜泥(捣碎 5% 与饲料混匀)或大蒜素等药物,每天 1 次,连用 3 天;福尔马林 25 ~ 30 毫克/升全塘泼洒。浓度保持 8 小时以上;每千克鱼体重用 20 毫克氟哌酸拌料投喂,连用 3 天。

五、链球菌病

【病因】由链球菌感染引起。

【症状】患溶血性链球菌病的病鱼从外观看,病鱼体色发黑,眼球突出或混浊发白、出血,病鱼腹部点状出血、鳃盖内侧出血等。患非溶血型链球菌病的病鱼,眼球突出或混浊发白,腹腔有腹水储积,肛门周围发红,肠管弛缓。

【防治方法】避免过密的养殖,加强饲养管理;同时投喂大蒜素,连喂 3～5 天。第五天后用酶合益生素 0.5～0.8 克/米³ 全池泼洒。

六、肠炎病

【病因】由肠型点状单孢杆菌感染引起。

【症状】每年 4～10 月为流行季节,如投饲不均匀,或饲料变质,带有病原体或池底残渣、淤泥等有机物增多,细菌大量繁殖,都会引起此病,病鱼的症状是:肛门红肿,腹腔积水,肠壁充血发炎,呈红色或紫红色,严重时用手轻压腹部有黄色黏液或血脓从肛门流出。病鱼不能吃食,游动缓慢。

【防治方法】加强饲养管理,按"四定"投饲,防止池鱼时饥时饱;大蒜素每千克饲用 10～20 克,加食盐 0.3～0.4 克投喂 3 天;漂白粉 1～1.5 毫克/升全池泼洒。生石灰 20～30 毫克/升。

七、赤皮病

【病因】由荧光极毛杆菌感染引起。

【症状】这种病终年都可发生,4～9 月为发病高峰期,鱼体受伤,病菌入侵,容易引起此病。病鱼的症状是鱼体出血,皮炎,鳞片脱落,两侧及腹部最为明显。鳍中部色素消退,甚至烂至透明。疖疮病体表充血发炎,局限在小范围内。

【防治方法】在捕捞运输放养生产中,要小心操作,避免鱼体机械损伤;漂白粉 1.2 毫克/升全池泼洒。

八、疖疮病

【病因】由毕布利菌感染所致。

【症状】病鱼体胸臀鳍的基部均发红,患处组织崩溃出血。体侧皮肤发炎,继而呈出血性溃疡,鳞片脱落,最后出现崩溃脱落,形成洞穴。

【防治方法】在水温 28℃ 以上,盐度 3% 以上的海水养殖环境中,易发此病。故在捕捞中尽量避免鱼体受伤。放养前对池塘消毒,海水养殖发病时应降温和减低盐度。每千克鱼每天用氟苯尼考 5 ~ 15 毫克,拌饲投喂,连用 3 ~ 5 天。

九、竖鳞病

【病因】由水型点状极毛杆菌感染所致。

【症状】病鱼体表粗糙,鳞片向外张长成松球状,鳞片基部水肿,内积半透明或带血的黏液,以致鳞片竖立。若稍压鳞片,黏液即挤出,水肿消失,鳞片随之脱落。病鱼常有烂鳍,鳍基部和皮肤充血,眼球突出,腹部胀大等症状,严重时鱼体呼吸困难,活动迟钝,最后身体失去平衡,连续 2 ~ 3 天后死亡。

【防治方法】对病鱼的治疗按每千克鱼用 50 毫克吡哌酸与饲料混合,第二天起用量减半,连用 4 ~ 6 天。

第二节　寄生虫性疾病

一、小瓜虫病

【病因】此病因小瓜虫寄生或侵入鱼体而致,肉眼可见病鱼体表、鳃部有许多小白点即小瓜虫,此病流行广,危害大,密养情况下尤为严重。从罗非鱼苗到成鱼都易寄生小瓜虫。适宜小瓜虫生长繁殖的水温为 15 ~ 25℃。

【症状】病鱼游动迟缓,浮于水面,有时集群绕池游动,鱼体消瘦。

【防治方法】放养前必须用生石灰清塘消毒,以杀灭病原;合理掌握放养密度,放养时进行鱼体消毒,防止小瓜虫传播;放养后,发病时采用 1～2 毫克/升的亚甲蓝全池泼洒,效果甚佳;也可用 90% 晶体敌百虫全池泼洒;不可用硫酸铜与硫酸亚铁合剂,因其对小瓜虫无效,且会加重病情。

二、斜管虫病

【病因】流行于初冬或春季,因斜管虫寄生于鱼鳃及皮肤上而致病

【症状】病灶处呈苍白色,病鱼消瘦发黑,呼吸困难,漂游水面。此病危害极大,能在 3～5 天使奥尼罗非鱼大量死亡。

【防治方法】用 4% 食盐水或用 0.8 毫克/升硫酸铜浸浴病鱼半小时;用 0.7 毫克/升硫酸铜和硫酸亚铁按 5:2 全池泼洒;或用 0.7 毫克/升硫酸铜全池泼洒;保持水温在 20℃ 以上时一般不会流行此病。

三、车轮虫病

【病因】此病是罗非鱼的常见病,流行于初春、初夏季节和越冬期,因车轮虫寄生于皮肤、鳍和鳃等与水接触的组织表面。

【症状】病鱼体色发黑,摄食不良,体质瘦弱,游动缓慢。有时可见体表微发白或瘀血,鳃黏液分泌多,皮组织增生,鳃丝肿胀,影响鳃的呼吸作用,使之窒息死亡。

【防治方法】定期检查,掌握病情,及时治疗;用 0.7 毫克/升硫酸铜与硫酸亚铁按 5:2 合剂全池泼洒,严格的可连用 2～3 次。

四、锚头蚤病

【病因】病原寄生于鱼体。

【症状】病鱼不安,食欲不旺,继而鱼体消瘦,寄生部位周围组织发炎红肿,伤口溢血,肉眼可见红斑。

【防治方法】治疗可用每立方水加 90% 晶体敌百虫 0.3 克全池泼洒。若有虾、蟹和白鲳鱼在塘中,则每立方米水用 3 克鱼朗净工(先将药物置于 60℃ 的温水中浸泡 10 小时)全池泼洒。

五、鱼鲺病

【病因】由日本鱼鲺寄生引起。

【症状】病鱼不安,狂游,群集水面做跳跃急游行动。

【防治方法】敌百虫(晶体90%)每立方米水体用0.25~0.5克。

六、指环虫病

【病因】由指环虫引起。

【症状】此病大量寄少时,病鱼游动缓慢,鳃盖张开,鳃液增多,鳃瓣局部或全部呈苍白色,呼吸困难,鳃明显浮肿;鱼体消瘦,眼球凹陷,鳃局部充血、溃烂,鳃瓣与鳃耙表面有许多出大量虫体密集而成的白色斑点,或色彩斑驳呈花斑状。此病通过虫卵和幼虫进行传播,流行于春末夏初季节,适宜水温为20~25℃。

【预防方法】鱼种放养前用高锰酸钾浸洗15~30分。

【治疗方法】用晶体敌百虫浓度为0.2~0.3毫克/升的浓度全池泼洒;硫酸铜和硫酸亚铁(5:2)合剂0.7毫克/升全池泼洒;如指环虫病、斜管虫病、车轮虫病3种病并发时,用3毫克/升高锰酸钾全池泼洒。

七、复口吸虫病

【病因】由复口吸虫、尾蚴、囊蚴引起。

【疾病症状】病鱼身体发黑、瘦弱,急性感染初期病鱼在水面做跳跃式挣扎,或在水中急速游动。待体力消耗殆尽时则游动缓慢,头向下尾向上,失去平衡,鱼体弯曲或头部、眼眶周围严重充血;慢性感染时鱼眼角膜浑浊,呈乳白色,严重时水晶体脱落成瞎眼,又称白内障病、瞎眼病。

【预防方法】最佳方案为扑杀第一中间宿主椎实螺和终末寄主鸥鸟,切断复口吸虫生活史,达到根治的目的;将水草(苦草最好)或旱草扎成若干捆,于傍晚沿池塘四周堆放于水中诱捕复口吸虫,第二天清晨捞起,放在阳光下晒杀。

【治疗方法】每千克鱼体重用二丁基氧化锡 0.25 克拌料喂服，连用 5 天；每千克鱼体重用硫氯酚 0.2～0.3 克拌料喂服，连用 3～5 天；用浓度为 0.5 毫克/升硫酸铜化水全池泼洒，1 天后重复 1 次。

八、杯体虫病

【病因】杯体虫病是由杯体虫属的许多种所引起的。

【症状】杯体虫身体容易伸缩。当身体充分伸展时，一般形态像杯形或喇叭形。前端是圆盘状的口围盘。后端有一像吸盘结构为茸毛器，借此把身体附在鱼体上。杯体虫寄生在鳃和皮肤上，从鱼苗到成鱼都可发现，它们身体黏附在鱼的皮肤和鳃上，摄取周围水里的食物作营养，一般对寄主没有很大的破坏作用。但是对苗种大量寄生时，会妨碍鱼的正常生长发育，甚至造成死亡。

【防治方法】用硫酸铜全池泼洒或用硫酸铜和硫酸亚铁合剂全池泼洒。

九、三代虫病

【病原】病原体是三代虫属的许多代表。

【症状】三代虫在成鱼、鱼苗、鱼种体上都可寄生，而对苗种危害很大。患有三代虫的鱼，最初呈现极度不安，时而狂游于水中或急剧侧游于水下，企图摆脱寄生虫的骚扰；继而食欲不振，游动迟缓，鱼体瘦弱，终致死亡。

【防治方法】用晶体敌百虫全池泼洒。

第三节　营养不良性疾病

主要有 3 种情况：一是长期投喂低蛋白、高脂肪、高糖类和缺少维生素的饵料，造成罗非鱼脂肪大量储积，破坏肝功能，导致正常生理代谢失调，肝细胞坏死；二是投喂变质或霉菌感染的饲料，对鱼体产生毒害作用,造成肝脏与肾脏脂肪变性;三是养殖密度过大,换水不足,或久不换水,使池中亚硝酸盐浓度上升,乃至中毒,并导致抗病力降低,易被细菌感染致病。

一、罗非鱼肥胖病

【原因】由于长期投喂低蛋白质、高脂肪、高糖类和缺乏维生素的饵料,造成罗非鱼脂肪代谢障碍,脂肪大量储积,鱼体肥胖,抗病力低下。

【症状】病鱼体形明显粗短,呈全身性脂肪细胞增生、脂肪浸润,特别是腹腔的脂肪组织及脏器周围的脂肪组织显著增加。患鱼腹腔内脂肪组织可达体重的 5% ~ 8%,肝脏淡黄色,肝组织高度脂肪变性,肝细胞萎缩。将整块组织剪下放在水中,必浮在水面上(正常肝脏会立即沉入水底)。患肥胖症鱼抗病能力低,容易感染大肠杆菌和气单胞菌等病菌。肥胖症继发细菌感染对罗非鱼造成更严重的危害。主要危害高密度养殖的鱼种、成鱼,尤其以成熟个体更为严重。

二、干瘪病

【病因】此病主要发生在亲鱼和鱼种越冬过程中,通常越冬过程中鱼的放养密度较大,饲料不足以致一部分鱼因得不到足够的食料而干瘪甚至死亡。

【症状】鱼身体消瘦,头大身小像"直升机"状,体色发黑。鳃丝苍白,呈贫血现象,游动迟钝,不久陆续死亡。

【防治方法】掌握适当放养密度,加强投饲管理,使鱼吃饱吃好;改进饵料配方,尽量满足罗非鱼正常生长的需要;饵料中适当添加维生素 B、维生素 C 和维生素 E,也可增投一些天然饵料;加强饲养管理,保持水质清洁新鲜;改进饲料配方,使饲料各营养成分配比合理。

三、突眼病

【病因】维生素缺乏引起。目前尚不知具体缺乏何种维生素。

【症状】病鱼体色发黑,两眼混浊发白、突出,形似金鱼的水泡眼,浮于水面,不久死亡。主要危害越冬鱼种、成鱼,在水泥池中高度养殖过程中易发该病。

【防治方法】改善水质,保持水质清新;投喂全价颗粒饲料,饲料中添加鱼用多维素、维生素 C 等维生素和矿物微量元素添加剂;适当投喂浮萍、胡萝卜等青饲料。

第四节　其他常见疾病

一、水霉病

【病因】由水霉感染引起。

【症状】水霉不感染健康无损伤的罗非鱼。但在操作、运输过程中不慎造成鱼体的受伤,或由于低温造成冻伤,或因寄生虫、细菌等感染造成原发病灶时,水霉孢子就会乘机侵入鱼体,在受伤或病灶处迅速蔓延、繁殖,长出许多绵毛状的水霉菌丝。由于霉菌能分泌一种酶分解鱼的组织,鱼体受到刺激后分泌大量黏液,病鱼开始焦躁不安,运动不正常,菌丝与伤口的细胞组织缠绕黏附,使组织坏死,鱼体负担过重,游动迟缓,食欲减退,最后瘦弱而死。发生在水温 20℃ 以下的低水温季节。罗非鱼进入越冬期时,因鱼体的损伤,鳞片脱落,导致水霉菌入侵,在受伤及病灶处迅速繁殖,长出许多绵毛状的水霉菌丝。病鱼焦躁不安,游动缓慢,食欲减退,鱼体消瘦终至死亡。因此刚移入越冬池这段时间最易暴发水霉病。

【防治方法】越冬池要严格消毒后才能放养罗非鱼;水温应保持在 20℃ 以上;在捕捞搬运和放养时尽量避免鱼体受伤,放养密度要合理;罗非鱼入池前可用 3% ~4% 食盐水浸洗鱼体 5~15 分,进行鱼体消毒,并促进鱼体伤口愈合;发生水霉病时,可用 0.4 克/升食盐与碳酸氢钠合剂全池泼洒或浸洗病鱼;鱼种在围捕、搬运等操作过程中尽量避免受伤;罗非鱼进入越冬池后用纯二氧化氯 0.3~0.5 克/米^3 全池泼洒,预防细菌感染。

二、亚硝酸盐中毒症

【病因】因血液输送氧气能力下降引起的,亚硝酸盐促使血液的血红蛋白转化为高铁血红蛋白,高铁血红蛋白不能与氧气结合,一般称之为"褐血病"。水中亚硝酸根浓度达到 0.1 毫克/升,即可引发褐血病。水中亚硝酸盐浓度一般与氨浓度呈正相关;池塘中溶氧水平低时,使氨转化为亚硝酸盐,亚硝酸盐毒性增强。

【症状】慢性中毒时,症状不明显,一般肉眼很难看出,但严重影响罗非鱼的生长和生活;中毒较深或急性中毒时,尽管水中有充足的氧气,也可能使鱼窒息,出现浮头现象。摄食量减少,活动力减弱,鱼体消瘦,体表无光泽,鳃组织出现病变,呼吸困难、骚动不安或反应迟钝;严重时则发生暴发性死亡。

【防治方法】彻底清淤、消毒,避免有机物的大量沉积。在养殖过程中,每天中午开增氧机 1～2 小时;定期施加底质改良剂,分解底泥中的有机废物,避免发酵造成水体缺氧,产生亚硝酸盐;全池泼洒食盐每亩 10 千克,可降低亚硝酸盐毒性。

三、气泡病

【病因】由于水生植物旺盛的光合作用,或大量空气溶于水中可引起溶氧和氮气过饱和,当氧过饱和度达 150% 以上时,就可引发气泡病;当氮气饱和度达到 153%～161% 时也可引起气泡病。气体通过鳃进入血液,血液中过剩气体在鱼体内减压游离而形成气泡。

【症状】鱼体肠道和体内组织中有气泡,目检鳍条、鳃丝等组织内含有较多气泡。血液中的气泡称为血栓或栓子,阻碍血液的流动造成组织缺氧。患病鱼浮于水面,游动困难,受惊后呈挣扎状,越幼小的个体越敏感,不久便会衰竭死亡。

【防治方法】改善水质,增加水体溶氧量,勿大量增氧搅拌使空气过多溶于水中;深井水、温泉水、工厂余热水在使用前必须充分曝气,使水中的过饱和气体溢出;对已出现气泡病的苗种池和养殖池排除部分池水,同时加注新水或降低水温,并迅速开动增氧机曝气。

四、瞎眼病

【病因】水中氨氮、硫化氢等有毒有害物质含量过高。

【症状】病鱼体色发黑,两眼混浊、发白、不突出,又称白内障。该病发病率较高,但死亡率较低。病鱼活动基本正常,但运输成活率低。

【防治方法】改善水质,定期更换新水;科学投喂全价颗粒饲料,避免饲料浪费和营养浪费;病鱼在清新水质中饲养一段时间后可好转,与正常鱼一样。

五、立克次体败血症

【病因】立克次体样生物引起发病。

【症状】病鱼外部症状不明显,脾脏肿大(一般增大 1～10 倍),密布白色小结节;前肾、后肾肿大并可见散在性的白色小结节;肝脏呈黄色,常可见结节 1～5 毫米,有的在胃、肠、心脏、生殖腺上也可看到白色小结节。本病发现于我国台湾省养殖的莫桑比克罗非鱼和尼罗罗非鱼等,其危害较大,发病率和死亡率均较高。

【预防方法】引进亲鱼或苗种应严格检查,发现带菌者要彻底销毁或掩埋;养殖生产中发现病情首先要进行隔离养殖,排出的养殖用水实施消毒。

【治疗方法】投喂喹诺酮类药饵,每千克鱼每天用量 80 毫克制成药饵,连续投喂 10～14 天。

六、虹彩病毒病

罗非鱼作为暖水性鱼类,当养殖水温低于 15℃时即处于休眠状态,此时机体代谢机能降至最低,不利于病毒的增殖,可能正是这一原因使国内外少有关于罗非鱼病毒病的报道。目前,虹彩病毒是罗非鱼有明确记录的唯一的病毒性疾病。该病的最早发现是在 20 世纪 70 年代,非洲东部湖泊中野生的罗非鱼暴发了由淋巴囊肿病毒引起的疾病。Walker 等(1962)研究表明,该病毒能在 60 天内引起莫桑比克罗非鱼 100% 死亡,发病罗非鱼呈快速螺旋状游动。此后,

Ariel 等(1997)报道了由感染蛙虹彩病毒引起的罗非鱼旋转综合征,疾病死亡率达100%。1998年有报道指出加拿大从美国进口的罗非鱼稚鱼中检出蛙虹彩病毒。国内目前虽未见关于罗非鱼虹彩病毒病的病例报道,但我们应予警惕。

【病原】虹彩病毒科的淋巴囊肿病毒和蛙虹彩病毒。虹彩病毒科中的淋巴囊肿病毒能引起包括牙鲆、鲈鱼在内的几十种淡水鱼和海水鱼类的疾病,而主要感染两栖类、鱼类、爬行类的蛙虹彩病毒被认为是罗非鱼虹彩病毒病的重要病原。病毒粒子为二十面体,其轮廓呈六角形,有囊膜。大量病毒颗粒堆积可呈晶格状排列,直径一般为 120 ~ 300 纳米。

【流行情况】虹彩病毒危害范围从几克的苗种到几百克的成鱼,主要感染 10 克左右的罗非鱼鱼种;发病水温在 20 ~ 28℃。当水温低于24℃时病鱼呈现出渐行性的死亡,没有明显的死亡高峰期,发病 1 个月内病鱼死亡率约20%。

【症状】患病鱼时而在水体中呈螺旋状快速游动,时而停止在水底,时而呈45°悬挂在水面。病鱼表现为体色发黑、鳃丝苍白、眼球突出和腹水症状,内脏器官尤其是肝脏发白明显。尼罗罗非鱼感染该病毒后多个器官出现炎症反应,脾脏、肾脏和心脏出现最为严重的出血性坏死,继续发展形成坏疽。罗非鱼感染蛙虹彩病毒时,肾脏和肌肉是主要侵袭的组织;肾小管收缩,肾间质出血并伴有大量炎性细胞浸润;大多数肌肉出现灶性溶解。

【诊断】对于虹彩病毒病确诊可以结合以下几点:①通过流行病学和临床症状进行初诊,如病毒病的发病水温较低,病鱼呈现吊水症状等;由于病毒感染会对机体产生免疫抑制,很快诱发其他条件致病菌的感染,所以单纯地观察临床症状不足以准确地判定疾病。②采集发病鱼的新鲜组织后通过免疫学方法和分子生物学方法进行鉴定十分必要。③有条件、有时间的情况下,可以对分离病毒细胞进行培养,培养后,再进行毒株鉴定确诊。

【防治】一直以来病毒病的治疗在水产上都是一个难题,几乎没有有效的药物可用。因此对于病毒病而言,预防成为最重要的防控措施。病毒粒子除了可以通过水体横向传播外,也可以通过亲子代进行纵向传播。把控好苗种关、切断带毒鱼的引入可以有效预防罗非鱼的病毒病。目前,国内外研究均显示疫苗免疫是预防虹彩病毒病最有效的方法,日本等国已有商品化的虹彩病毒细胞灭活疫苗,国内中山大学何建国研究组对虹彩病毒弱毒活疫苗的研究已完成实验室阶段。生产上一旦养殖鱼类发生病毒病,可以通过降低养殖密度、改善水体环境,使用聚维酮碘等药物消毒水体,拌料投喂板蓝根、大青叶、"三黄"(50%大黄、20%黄芪、30%黄柏)和维生素 C 等来控制疾病的恶化。此外,可以适当地辅以抗菌药物如氟哌酸或土霉素,连续投喂 5~10 天,可防止继发性细菌感染。

第五节　罗非鱼疾病综合防治措施

近年来,随着罗非鱼出口量的增加和人民群众生活素质的不断提高,对水产品的质量安全日趋重视,对无公害水产品的需求日益增加,因此,开展罗非鱼标准化健康养殖势在必行,而标准化健康养殖的重点之一在于疾病防治。鱼病的综合预防主要采取严格消毒、调节养殖水质、科学投饵、科学管理、定期抽样检查等措施进行综合预防,达到预期的防治效果。

一、清池消毒

池塘水体环境的好坏直接影响罗非鱼的养殖效果,因此在鱼苗放养前,必须对池塘以及周围环境进行严格的清理和消毒。常用的清塘药物有生石灰、漂白粉等。一般生石灰的用量为 75 千克/亩,全池泼洒;也可用 20 毫克/升漂白粉(有效氯 30%)全池泼洒,其中以生石灰的效果最好,能同时起到杀灭敌害、改良水质和施肥的作用。

二、科学的饲养管理

水生态环境不仅为鱼类提供生活所需的各种条件,也含有对鱼类有害的病原生物。它们共同处于一个水生态系统中,相互作用,相互制约。只有当水环境发生改变,导致鱼体机能变化,而且病原体大量繁殖并达到可以致病的数量时,才会使养殖群体中的一部分首先感染和生病。因此,提高饲养管理的水平,保持水生态系统的平衡状态,提高鱼体的抗病能力,在可控生态的条件下,创造有利于鱼类生长的生态因子和养殖环境,可预防或减少鱼病的发生。

合理的放养密度和混养搭配比例,科学投饵和施肥,保持良好的水质,加强日常管理等都是预防疾病的关键所在。合理的放养密度和混养搭配比例是提高单位产量的措施之一,对鱼病的防治有一定的积极意义。要获得高产,就要坚持"四定"原则进行投饵,还必须进行科学的投饵和施肥。根据不同的养殖模式、鱼类不同的发育阶段以及同时为了提供足够的天然饵料,可在池塘中施基肥或追肥,并且坚持基肥 1 次施足,追肥"及时、少量、勤施"的原则。

加强日常管理,每天坚持早、中、晚各巡塘 1 次,注意池鱼的活动、摄食情况,有无浮头和病害现象。定时检测水温、溶氧、氨氮等的变化情况,定期进行排污、加注新水和换水。改善养殖环境,勤除杂草,及时捞出残饵和死鱼,定期清理和消毒食场,减少病原生物的繁殖和传播。另外,在拉网、转塘、运输过程中,注意操作,做到轻、快、柔,防止鱼体受伤而感染疾病。

三、药物预防

无公害养殖罗非鱼,要尽量保证它们健康生长、避免用药。但为了制止病原体的繁殖和生长,控制病原体的传播,进行必要的药物预防十分重要,不可忽视。

1. 鱼苗、鱼种入池前应进行严格消毒

鱼苗种在放养之前,特别是大水面或集约化养殖之前,应注意对苗种消毒,杀灭体表的病原体,减少病害的传播,同时还应捡出受伤或死亡的鱼苗。通常用浓度 2% ~ 4% 食盐水浸泡 5 ~ 10 分。在浸泡过程中,应注意经常检查鱼苗的耐受情况。

2. 水体消毒,调节水质

饲养过程中,应定期对养殖水体进行消毒。一般每隔 10 ~ 15

天,每亩1米水深的水体用生石灰25～30千克,加水溶解后,全池均匀泼洒,一方面可以消毒杀菌,同时还起到调节水质的作用。另外,还可以利用漂白粉、三氯异氰脲酸或二氯异氰脲酸钠等进行水体消毒,效果也较好。

3. 工具消毒

养殖过程中使用的工具,特别是发病鱼使用过的工具,必须经过消毒后才能使用。一般用2%高锰酸钾或10毫克/升硫酸铜浸泡30分,大型工具可在太阳下晒干后再使用。

4. 饲料和肥料消毒

在商品饲料或自行收集的小鱼虾等饲料中拌入少量的土霉素或金霉素(占饲料的5%)后再投喂。在高温季节,可在连续6天的投喂饲料中按每千克鱼体重每天拌入5克大蒜头或0.5克大蒜,同时可加入少量食盐。有机肥施放前必须经过发酵,并且每500千克用120克漂白粉消毒处理后才能投入池中。

参考文献

［1］费忠智.无公害罗非鱼安全生产手册［M］.北京:中国农业出版社,2008.

［2］阮世玲.罗非鱼健康养殖技术［M］.北京:化学工业出版社,2008.

［3］戈贤平.无公害罗非鱼标准化生产［M］.北京:中国农业出版社,2006.

［4］中华人民共和国农业部.罗非鱼技术100问［M］.北京:中国农业出版社,2009.

［5］朱华平,等.罗非鱼健康养殖实用新技术［M］.北京:海洋出版社,2008.

［6］陈学光,等.罗非鱼优质高产养殖新技术［M］.北京:海洋出版社,2007.

［7］王明学,等.罗非鱼养殖［M］.北京:科学技术文献出版社,1995.